実験計画法
100問100答

松本　哲夫［監修］

松本　哲夫　　稲葉　太一
植田　敦子　　小野寺孝義
木村　　浩　　榊　　秀之
佐藤　稔康　　夏木　　崇
西　　敏明　　西田　航平
花田　憲三　　平野　智也
山吹　佳典　　山本　道規
　　　　　［著］

日科技連

監修者からのひとこと

　一般財団法人　日本科学技術連盟(JUSE)のDE・O部会は，実験計画法セミナー大阪コース(DE・Oセミナー)に組織された部会であり，同連盟の各部会のなかでも最も古い歴史をもつ部会の一つである．部会活動としては，DE・Oセミナーの修了者，または，それに準じる者が1～2カ月に一度，定期的に集まり，実務への適用を可能にするための事例研究，実験計画法を中核とする統計的手法の勉強，研究が中心である．研究成果は学会発表なども行っている．また，社内でのSQCリーダーの育成という面にも配慮している．

　具体的な活動内容は以下のとおりである．

① 統計的品質管理手法，実験計画法の手法研究．
② 統計的品質管理手法，実験計画法の実践事例研究．
③ 書籍，文献の輪読．
④ 書籍を出版するための編集．
⑤ 人的交流の場の提供．
⑥ 統計的品質管理手法，実験計画法の社内教育方法の研究．
⑦ 関係雑誌への投稿，事例発表．
⑧ 学会発表，QC大会などでの発表．
⑨ 部会員からの質問に対する回答．

　統計的品質管理(SQC：Statistical Quality Control)に関する手法，とりわけ，**実験計画法**(DE：Design of Experiments)は，研究，開発，分析，工程管理，品質管理，品質保証に携わる技術者(実験者)にとって，必要不可欠な素養(管理技術)の一つである．

　汎用テキストではない問答的な書籍として，統計的方法の基礎に対する『統計的方法百問百答』(近藤良夫，安藤貞一(編)，日科技連出版社)や，タグチメソッドに対する『疑問に答える実験計画法問答集』(富士ゼロックスQC研究会(編)，日本規格協会)などがあった．

　DE・O部会では，以前から，より多くの実験者が興味をもって読める「虎の巻」のような読本を提供し，統計的素養の向上に寄与できないかということが

監修者からのひとこと

話題となっていた．それが本書の発行の出発点となった．以後，そのための準備を進め，今回の発刊となった．なお，本書は，統計家の立場から書いているので，読者は，この点を理解して読んでいただきたい．

2013年2月

一般財団法人 日本科学技術連盟 DE・O部会　部会長

監修者　松 本 哲 夫

まえがき

　統計的品質管理(SQC)に関する手法は，**実験計画法**(DE)を中心に，農作物の生産量の向上や品種改良，工業製品の品質・収量の向上や生産効率の改善などに大きな成果を上げてきた．現在も，解決すべき課題は増え続けているにもかかわらず，最近は，脚光を浴びるケースは減ってきているように思える．

　実験データには信頼性と再現性が必要である．実験回数を多くすれば信頼性や妥当性を保証できる．しかし，実験に投入できる資源や納期には限度があり，経済的，時間的な効率も考慮しないわけにはいかない．このように，実験の計画は大切であり，統計的手法を活用すべき場面は多い．

　学術論文や特許明細書のなかにも，統計的なデータ解析がなされていなかったり，なされていても不適切なものであったりするという例は少なくない．したがって，研究，開発，分析，工程管理，品質管理，品質保証に携わる技術者（実験者）は，統計的な素養を有していることが望ましい．

　近年，コンピュータとそのソフトが進歩し，データを入力すれば各種の統計的処理の結果が大量に出力されるようになった．このこと自体は大変結構なことであるが，実験者が統計的手法の中身を十分理解していないと，実験計画自体に不備が生じて手法を誤用したり，ふさわしくない解析方法を採用してしまうことが多いようである．

　化学製品の性能，健康食品の有用性，そして，薬の薬効などを確認する評価試験において，実験者の意図に対応する結果を出すために，次の手順が推奨される．

　① 評価対象である化学製品，食品，薬などが優れていること．
　② 評価試験の計画段階で，評価指標に関して，明確にすべき課題が確認されていること．
　③ 課題に対してふさわしい実験計画を立案すること．
　④ 立案された実験計画を，管理され安定した状態で確実に実施すること．
　⑤ 得られたデータを数理統計学的に正しく解析すること．

まえがき

⑥ 固有技術を加味して，評価指標として結論づけること．
①〜②は固有技術の範疇であり，③〜⑥はSQCの話である．

この流れのなかで，実験は，生じた問題を解決する目的で行われ，消費者社会，企業組織，また，実験者自身に対して，現状よりも良い結果がもたらされることを期待されている．その分野の専門家である実験者は実験結果を予測しうるが，思い込みが強すぎると，結果を客観的に評価できないおそれがある．実験計画法をはじめとする統計的手法は，統計的な判断基準・客観的な判断材料を提供してくれる．

DEをはじめとする統計的方法を駆使して実験を計画し，得られたデータを正しく解析することによって，その背後にある母集団の状態を推定し，仮説検定により再現性のある法則を見つけ出す．この一連の流れを以下のような開発活動や改善活動へ適用してほしい．

- 経験的，あるいは，理論的に想定されるモデルの検証．
- 品質に影響する諸因子のなかにある有意な要因の抽出．
- 要因効果の検定とその大きさの推定．
- 製品の不良とその原因の間の因果関係の定量的把握．
- 製品の品質特性に大きく寄与する要因の定量化．
- 品質特性をさらに良くする条件や最適条件の探索，決定．
- 将来得られるであろう品質特性値の予測．

さて，数式が多く出てくるためか，SQC, DEは難しいというのが一般的な世評である．しかし，その内容レベルを落とせば理解度は上がるだろうが，真に，実験者が身につけてほしいSQC, DEの素養レベルを下げてしまうことは避けなければならない．

そこで，本書では，数式を極力避け，また，数式が必要な部分においても，数式の苦手な読者はその部分を飛ばしても読み進められるよう配慮した．このように，本書は既存の書籍とは違い，SQC, DEへの興味付けから始まり，順次高度な内容に進んでいけるよう構成している．

まず，第1部では，DEの御利益と，DEの適用場面を具体的に述べ，その必要性が実感できるようにした．本書は，実験者が，「品質管理をやれば儲かる」「SQC, DEを習得してみよう」という気になるような役割と，人事部門や実

験者の上司などに，「人材育成のため，ぜひ，習得させよう」と思ってもらえるためのメッセージという役割の2つをあわせもつ．この意味から，産学官の実務家が気楽に読むことができ，SQC，DEに対する興味をもてることをねらいとしている．

ついで，本書の主題である第2部では，100問100答形式でDEに関する問答集を用意した．

総じて，市販書は，基本を中心にしていて，サイドメニュー的なものは注釈程度にとどめ，詳細は割愛している．しかし，本書では，SQC，DEの入門／初級レベルの実験者が，普段抱いている「SQC，DEに関する消化不良となっている点に答えてほしい」という要望に応えている．また，同中級／上級レベルの実験者がもつ「数理統計学の本を読むのは大変だが，一般のSQC，DEの市販書には書いていない自分の疑問に答えてほしい」という要望にも応えている．したがって，問答集のなかには，簡単なものから数理統計学的にやや難解なものまで広範囲に採用してある．

本書の特長をまとめると以下のようになる．

① SQC，DEの適用場面を具体的に述べているため，その必要性を実感できる．
② 100問100答には，初歩から難解なものまで広く取り上げているので，幅広い読者に対応している．
③ 本書があれば，セミナーを受けた際，講師から「質問をどうぞ」と言われた場合に対応しやすい．
④ セミナー受講時のサブテキストとして活用できる．
⑤ セミナー受講後，実務でいざというときに頼りになる座右の書となる．
⑥ 一般セミナーの講師，ならびに，各社の社内セミナーの講師の虎の巻となる．
⑦ 一般読者の疑問に対し，「なるほど，そういうことだったのか」と腑に落ちる．

このように，本書は，実験計画法セミナーをはじめとして，関連する品質管理セミナーや応用統計セミナー受講の際の準備書として，また，独自学習の際

まえがき

の副読本として使用できる．

　結びにあたって，終始，著者らの活動をご支援くださった一般財団法人 日本科学技術連盟 大阪事務所DE・O（実験計画法・大阪）部会の諸氏，同事務所の山田ひとみ氏，および，出版にあたって常に著者らを励ましてくださった日科技連出版社の塩田峰久氏および田中延志氏に深く感謝する．

2013年2月

　　　　　　　一般財団法人 日本科学技術連盟　DE・O部会
　　　　　　部会長　　松本哲夫
　　　　　　部会員　　稲葉太一，植田敦子，小野寺孝義，木村浩，榊秀之，
　　　　　　　　　　　佐藤稔康，夏木崇，西敏明，西田航平，花田憲三，
　　　　　　　　　　　平野智也，山吹佳典，山本道規　（本書関係者のみ）
　　　　　　事務局　　山田ひとみ

目　　次

監修者からのひとこと　　iii
まえがき　　v

第1部　実験計画法の活用 ………………………………………… 1

第1章　統計的手法の御利益 ……………………………………… 3
1.1　品質管理をやると儲かる ………………………………… 3
　1.1.1　不良率が下がったら ………………………………… 3
　1.1.2　品質管理コスト ……………………………………… 4
　1.1.3　ねらいの品質 ………………………………………… 5
1.2　貴婦人と紅茶の話 ………………………………………… 6
1.3　のこぎりの話 ……………………………………………… 7
1.4　信頼性・妥当性とスピードアップをもたらす実験計画法 … 9
　1.4.1　信頼性と妥当性 ……………………………………… 9
　1.4.2　スピードアップ …………………………………… 11
1.5　直交表 …………………………………………………… 13
1.6　隠れた実験計画法の御利益 …………………………… 15
1.7　直交計画にこだわらない ……………………………… 16
1.8　実験計画法の極意 ……………………………………… 18

第2章　統計的手法の活用場面 ………………………………… 19
2.1　実際の活用場面 ………………………………………… 19
　2.1.1　統計的推測（推定と検定）とサンプルサイズ … 19
　2.1.2　要因配置実験 ……………………………………… 21
　2.1.3　直交表実験 ………………………………………… 22

目　次

  2.1.4　乱塊法実験 ……………………………………………… 23
  2.1.5　分割法実験 ……………………………………………… 24
  2.1.6　一般線形モデルを用いた線形推定・検定論 …………… 25
  2.1.7　実験計画法における回帰分析 …………………………… 26
  2.1.8　計数値の取扱い …………………………………………… 27
 2.2　直交表実験におけるその他の発展的な手法 …………………… 28
  2.2.1　多水準法，擬水準法 ……………………………………… 28
  2.2.2　組合せ法 …………………………………………………… 29
  2.2.3　擬因子法，アソビ列法 …………………………………… 30
  2.2.4　直和法 ……………………………………………………… 31
  2.2.5　直積法 ……………………………………………………… 32
 2.3　その他の発展的な手法 …………………………………………… 32
  2.3.1　ラテン方格法 ……………………………………………… 32
  2.3.2　共分散分析 ………………………………………………… 34
  2.3.3　ロジスティック回帰 ……………………………………… 34
  2.3.4　ノンパラメトリック ……………………………………… 35
  2.3.5　順位のある計数値 ………………………………………… 36
  2.3.6　サンプルサイズと実験の大きさ ………………………… 36
  2.3.7　交絡法，BIB，PBIB ……………………………………… 37

第3章　人の教育 …………………………………………………… 39

第2部　実験計画法100問100答 …… 41

第1章　検定と推定，分散分析 …………………………………… 43

 Q1　一般に $\alpha = 0.05$ が用いられていますが，5%の間違ってしまう確率は数値が高く，少し不安に感じます． ……………………………… 43

 Q2　信頼率95%の信頼区間の意味はどのように考えるとよいでしょうか． ………………………………………………………………………… 43

Q 3　有意水準1％で有意(**)とは，同5％で有意(*)よりも効果が大きいといってよいのでしょうか. ……………………………………… 44

Q 4　有意水準，第一種の過誤，危険率，信頼率などで同じ記号 α を用いていますが，これらの違いは何でしょうか. ……………………… 44

Q 5　分散分析において，プーリングは2回以上してもよいのでしょうか. ……………………………………………………………………… 45

Q 6　プーリングはどのようにすればよいのでしょうか. ……………… 47

Q 7　分散分析において，有意でない因子を誤差にプールすると，プール前と検定結果が異なることがありますが，どのように考えるのでしょうか. …………………………………………………………… 47

Q 8　t 検定と Welch の検定の使い分けはどう考えたらよいのでしょうか. ……………………………………………………………………… 48

Q 9　検定方式をまとめた表はないのでしょうか. ……………………… 48

Q 10　交互作用を無視したときに，交互作用を無視しない場合の推定式を用いたら間違いでしょうか，また，逆はどうでしょうか. …… 50

Q 11　lsd は特定の2水準間だけの比較にしか用いられないのですが，複数の比較の方法はあるのでしょうか. ………………………… 51

Q 12　多くの処理間について，同時に母平均の差の検定を行う wsd 法とは何でしょうか. ………………………………………………… 52

Q 13　t 検定とダネット検定の違いを教えてください. ………………… 52

Q 14　片側検定をやってよい場合はどのような場合でしょうか. ……… 53

Q 15　H_0 が棄却されたときは，積極的に「H_1 である」というのに対し，棄却されないときは「H_1 とはいえない」というのはなぜでしょうか. ……………………………………………………………………… 54

Q 16　帰無仮説は $H_0 : \mu = \mu_0$ としていますが，なぜ $H_0 : \mu \leq \mu_0$ や $H_0 : \mu \geq \mu_0$ としないのでしょうか. ……………………………………… 56

Q 17　検出力曲線と OC 曲線との違いは何でしょうか. ………………… 56

Q 18　母平均の推定において田口の式や伊奈の式を用いるのはなぜでしょうか. ……………………………………………………………… 57

Q 19　母平均の推定で有効反復数を求めるとき，伊奈の式を使用しま

目　次

すが，この式を，繰返しのある2元配置実験で交互作用が無視できる場合について導いてください． ································· 57

Q 20　有効反復数n_eの意味を教えてください． ······················· 59

Q 21　母平均の差の区間推定における$\frac{1}{n_e}$はどのように考えたらよいのでしょうか． ··· 59

Q 22　最適条件は2元表から求めると他書には書いてありますが，正しいのでしょうか． ··· 61

第2章　要因配置実験 ································· 64

Q 23　要因配置実験で，各水準組合せでの繰返し数は揃えるべきなのでしょうか． ································· 64

Q 24　2元配置において，繰返し実験と反復実験とでは，どちらが有効でしょうか． ································· 65

Q 25　単因子逐次実験と要因配置実験のメリット，デメリットを教えてください． ································· 66

Q 26　実験はなぜランダムにしなければならないのでしょうか． ········ 69

Q 27　ランダムな順序で実験するために「乱数表をひけ」といわれますが，自分の頭でランダムと考えてやったらだめなのでしょうか． ··· 69

Q 28　交互作用とはグラフが平行にならない場合と考えてよいのでしょうか． ································· 70

Q 29　交互作用をわかりやすく説明してください． ····················· 70

Q 30　主効果と交互作用とは別物なのでしょうか． ····················· 73

Q 31　等分散性のチェックで「等分散とはいえない」となったときの処置はどのようなものでしょうか． ································· 75

Q 32　主効果は条件設定できますが，交互作用の条件設定はどうするのでしょうか． ································· 76

第3章　直交表 ································· 77

Q 33　直交表の利点をわかりやすく説明してください． ················ 77

目　次

Q 34　直交表などで，各列の平方和はどこまでを誤差とみたらよいのでしょうか．図的解法はないのでしょうか． ……………………… 78

Q 35　直和法で，最適条件における母平均の推定は，各反復を平均して推定するのか，それとも，最適条件が含まれる反復だけで行うのでしょうか． ………………………………………………………… 80

Q 36　データの構造にもとづく有効反復数の推定方法を説明してください． ……………………………………………………………………… 80

Q 37　アソビ列法でアソビ列をプールしない理由は何でしょうか． …… 82

Q 38　他の要因の効果と交絡しているアソビ列の平方和は他の列の平方和と直交しているのでしょうか． ………………………………… 82

第4章　実験計画法全般 ……………………………………………… 86

Q 39　実務では，データが正規分布に従わないときがあるのではないでしょうか． ……………………………………………………… 86

Q 40　制約式はなぜ必要なのでしょうか． ………………………………… 87

Q 41　平均平方の期待値はなぜ分散分析表に記入するのでしょうか． … 87

Q 42　分散分析表において，$E(ms)$の係数の求め方がわかりません． … 88

Q 43　反復実験では，最適値があると思われる方向に実験条件をずらして実験できないでしょうか． ………………………………… 91

Q 44　一部の実験点でデータが増えた場合の分散分析はどうしたらよいのでしょうか． ……………………………………………………… 92

Q 45　測定だけを複数回実施したときなど，枝分かれ型の誤差を伴う場合の解析方法を教えてください． ……………………………… 93

Q 46　共分散分析とは何でしょうか． ……………………………………… 95

Q 47　対応のあるデータにおける母平均の差の検定と乱塊法の分散分析との違いは何でしょうか． ……………………………………… 96

Q 48　乱塊法で，制御因子とブロック因子間の交互作用があったときはどうするのでしょうか． ………………………………………… 97

Q 49　分割法の積極的な使い方はあるのでしょうか． …………………… 98

xiii

目　次

- Q 50　シックスシグマと実験計画法の関係を教えてください． ……… 99
- Q 51　官能検査におけるSchefféの一対比較法を教えてください． …… 100
- Q 52　タグチメソッドと伝統的な実験計画法には何か違いがあるのでしょうか． …… 102
- Q 53　非直交計画にも使えて，計算の途中経過がわかるような統計解析ソフトを教えてください． …… 103

第5章　回帰分析 …… 104

- Q 54　単回帰分析で，各水準での繰返し数は揃える必要があるのでしょうか． …… 104
- Q 55　原点を通るか否かの検定で有意にならなかったとき，原点を通るとして回帰式を $y = \beta_1 x$ と考えてもよいのでしょうか． …… 106
- Q 56　数量化の方法について教えてください． …… 107
- Q 57　回帰診断とは何でしょうか． …… 114
- Q 58　回帰の逆推定に際しての留意点は何でしょうか． …… 115
- Q 59　相関関係と因果関係の違いを説明してください． …… 116
- Q 60　相関分析と回帰分析との違いを教えてください． …… 117
- Q 61　直交多項式の利点を教えてください． …… 118

第6章　一般線形モデル …… 120

- Q 62　異常値とはどのようなものでしょうか． …… 120
- Q 63　欠測値への対処はどうしたらよいのでしょうか． …… 120
- Q 64　正規方程式の手計算による解法について説明してください． …… 121
- Q 65　直交対比とは何でしょうか． …… 123
- Q 66　非直交計画では，平方和の計算に，TypeⅠ～Ⅳの考え方が示されています．これらの違いを説明してください． …… 125
- Q 67　平方和は自由度1まで分解できると聞きましたが，どのようなことでしょうか． …… 127
- Q 68　正規方程式の解と逆行列とは同じものではないのでしょうか． … 129

目　次

第7章　その他 …………………………………………………………… 131

- **Q69** ノンパラメトリックは検出力が低いという話がありますが，本当でしょうか． ……………………………………………………… 131
- **Q70** JIS Z 8401にある数値の丸め方とは何でしょうか． ……………… 132
- **Q71** 分割表において，独立性の検定と一様性の検定の違いを説明してください． ……………………………………………………… 133
- **Q72** $m \times n$分割表の自由度が，$(m-1)(n-1)$となるのはなぜでしょうか． ……………………………………………………………… 134
- **Q73** 分割表は，なぜカイ2乗検定できるのでしょうか． ……………… 135
- **Q74** Yatesの補正とは何でしょうか． ………………………………… 136
- **Q75** 統計的判断（有意である／有意でない）と固有技術的判断とは異なってもいいのでしょうか． ……………………………………… 137
- **Q76** 以前は，修正項CTを用いて平方和を計算していました．最近はそうしないようですが，なぜでしょうか． ……………………… 138
- **Q77** 複合計画における実験計画の選択について，考え方を教えてください． ………………………………………………………………… 138
- **Q78** (0, 1)法，逆正弦変換法などで検出力に違いはありますか． …… 140
- **Q79** 分割表とWilcoxonの検定で，後者は順序を考慮している分だけ検出力が高いと考えてよいのでしょうか． ………………………… 140
- **Q80** Excelで数値表の計算ができると聞きました．やり方を教えてください． ………………………………………………………………… 145
- **Q81** 行列の計算などもExcelでできると聞きました．やり方を教えてください． ………………………………………………………………… 146

第8章　数理統計 ………………………………………………………… 148

- **Q82** n個のデータの平均値の分散が$\frac{\sigma^2}{n}$となることを示してください． ………………………………………………………………… 148
- **Q83** 小標本の考え方をわかりやすく説明してください． ……………… 148
- **Q84** 標本平均，標本分散，不偏分散について説明してください． …… 149
- **Q85** 自由度とは何でしょうか．また，平方和を自由度で割る意味はどこにあるのでしょうか． ……………………………………………… 152

目　次

- Q 86　分散分析では，なぜ，絶対値や4乗でなく，平方和を用いるのでしょうか． ……………………………………………………… 154
- Q 87　分散の加法性について，実務にどんなふうに利用すればよいのでしょうか． ……………………………………………………… 155
- Q 88　Vの期待値はσ^2ですが，$\sqrt{V}$の期待値はσと考えてもよいのでしょうか． ……………………………………………………… 156
- Q 89　同じデータから得られた平均値と分散は独立なのでしょうか． ……………………………………………………… 157
- Q 90　2変量が「独立」ということと「共分散がない」ということは同じでしょうか． ……………………………………………………… 157
- Q 91　母平均の区間推定(母分散は未知)におけるt分布と，u分布の関係について説明してください． ……………………………………………………… 159
- Q 92　各分布間の関係はどうなっているのでしょうか． ……………… 160
- Q 93　二項分布の逆正弦変換について説明してください． ………… 161
- Q 94　サタースウェートの方法の根拠を知りたいので，教えてください． ……………………………………………………… 162
- Q 95　中心極限定理や大数の法則とは何でしょうか． ……………… 163
- Q 96　正規分布はどのように考えて導かれているのでしょうか．また，正規分布の全確率が1になることを証明してください． ………… 165
- Q 97　正規母集団$N(\mu, \sigma^2)$から取り出した大きさ2の無作為標本をX_1, X_2とするとき，$R = |X_1 - X_2|$の期待値は1.128σとなります．この導き方を教えてください． ……………………………………………………… 167
- Q 98　t分布の確率密度関数はどのようにして導かれるのでしょうか． ……………………………………………………… 168
- Q 99　正規母集団$N(\mu, \sigma^2)$の平均と分散を最尤推定し，それらが不偏推定量であることを示してください． ……………………… 171
- Q 100　積率母関数について教えてください． …………………………… 172

　　参考文献　　177
　　索　　引　　180

第1部
実験計画法の活用

　第1部では，実験計画法の御利益と実験計画法の適用場面を具体的に述べる．実験者はDE習得への志気の鼓舞，また，人事部門や実験者の上司は，人材育成への動機付けとしてほしい．

　第1部の記述のなかには，統計に関する専門用語，例えば，要因配置実験，直交表，平方和，自由度，誤差分散などがでてくるが，詳細については，第2部の100問100答を参照されたい．

第1章 統計的手法の御利益

本章では，統計的方法，とりわけ，実験計画法の御利益について述べる．

実験計画法は，1925年ごろ，英国の農場試験場の技師であった R. A. Fisher が提唱したものである．彼は，薬剤散布によって農作物の収量に違いがあるか否かを調べる実験を行う際，土地には肥沃度，水はけ，日当たりなどに違いがあり，それを考慮しなくてはならないと考え，ある土地をブロックに小分けすることにした．このとき同時に次のような疑問を抱き，これが実験計画法の起源になったといわれている．

① 処理(薬剤散布)を施した試験圃[1]と，処理を受けていない試験圃との間にどの程度の差があれば「差がある」と判断したらよいのだろうか．

② 実験の場[2]を厳密にコントロールし，かつ，実験の場を小さく絞ることは，それ自体，比較の精度を高めることにはつながるが，実験の場に比べ実際に結果を適用する場[3]は広いのに，実験結果をそのまま実際の場に適用してよいのだろうか．

以下に，具体的に統計的方法の御利益について述べる．

1.1 品質管理をやると儲かる

1.1.1 不良率が下がったら

「品質管理をやると儲かるか？」という質問をセミナーなどでよく受ける．

---

1) 圃とは畑のこと．
2) この例では「試験圃」のことを指す．
3) 例えば，国内各地にある実際に農作物を栽培する農場のこと．

第1部　実験計画法の活用

品質管理には相応の費用がかかることは当然であるが，それにも増して，要した費用を超える利益に繋がることをしっかりと認識すべきである．

不良率を3%として，ある企業の現状を表1.1.1の「現状」の欄にあるものとして考えてみよう．

表1.1.1　不良率が下がったら

	現状	利益30%アップ	利益30%アップ
	現在の姿	将来の姿①	将来の姿②
不良率(%)	3	3	0
売上高(億／年)	100	130	103
利益率(%)	10	10	10
利益(億／年)	10	13	13
廃棄製品(億／年)	3	3.9	0

今，仮に経営から利益3割アップの要求があったとする．「将来の姿①」にあるように，不良率や利益率が現状レベルであるとすると，売上げを30%上げなければならない．これはかなりの難題である．しかし，「将来の姿②」にあるように，不良率が0になったら，それまで廃棄していた製品が商品となり，この売上げはそっくり利益になる．したがって，売上げ3%アップで利益の30%アップを達成できる．

現実はこのように単純ではないが，不良率が下がれば利益につながるという本質は変わらない．

1.1.2　品質管理コスト

統計的品質管理は，品質向上に大きく寄与する[4]．品質が向上すると，それにつれて品質コストが掛かっていくのが普通である．同時に，品質が向上する

[4) 統計的品質管理技術は，それを使わないやり方と比べて，①原理がまったく違っている，②この技術を使うことで，結果に飛躍的な向上がもたらされる．この2点を満たすので，「革新技術の一つである」と米山高範は述べている(巻末の参考文献[42])．

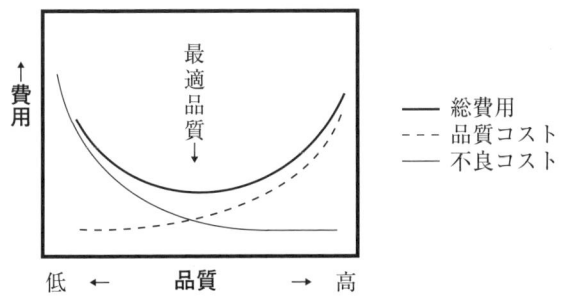

注)『改訂版 品質管理のはなし』(米山高範,日科技連出版社)をもとに筆者作成
図1.1.1　品質管理コスト

ことによって不良品が減り，歩留まりが上がり，クレームも減る(不良コストは下がる)．総コストはこれらすべてのコストの和であり，**図1.1.1**のように示すことができる．図のように，総費用を極小とするような最適品質が存在し，「低品質」領域から「最適品質」までは，品質が上がれば総費用は減少することがわかる．すなわち，**よい品質のものは安くつくれる**のである．

1.1.3　ねらいの品質

品質とは，**旧JIS規格**(JIS Z 8101：1997)によると，「品物またはサービスが，使用目的を満たしているかどうかを決定するための評価の対象となる固有の性質・性能の全体」となっていた．

一方，**品質工学**では，品質とは，「品物が出荷後，社会に与える損失である．ただし，機能そのものによる損失は除く．」とある[45],[46]．

身近な例を挙げる．100g入りと書かれたお菓子を購入したところ，95gしか入っていなかったら，メーカーに文句の一つもいいたくなる．逆に，105g入っていたら得をしたと思うだろうか．そう思う人も多いが，ダイエットをしている人だったら文句をいうかもしれない．やはり100gとすることが必要だということである．このように，品質には，ねらいの品質[5]がある．そして，通常

---

5) ねらいの品質は，規格の中心と同じことが多いが，必ずしも規格の中心を意味しないことに注意しよう．品質規格には，まず，ねらいの品質があり，その前後に許容範囲があると考えるとよい．下側と上側の許容範囲は必ずしも同じ幅ではない場合がある．

は，その両側に許容される範囲として上限規格と下限規格がある．規格内であれば品質に問題がないという考え方は改める必要がある．常に，品質をねらいの品質に近づける努力が必要なのである．

1.2 貴婦人と紅茶の話

　Fisherがその著書のなかで引用した「貴婦人と紅茶」を例に考えてみよう．

　英国では，ミルク紅茶を入れるとき，まず，カップにミルクを先に入れ，それから紅茶を注ぐのが習慣となっている．仏国では，日本同様，先に紅茶を入れ，それからミルクを足す．

　さて，ある英国の貴婦人が「仏国式より英国式のほうが紅茶の味が良く，自分はその違いを判定できる」との意見をもっていた．本当かどうかを確かめるため，後から文句を付けられないような実験を計画したいとしよう．

　実験には2個のカップを用意し，一方は英国式に，他方は仏国式にミルク紅茶を入れる(**図1.2.1**)．そして，このことは婦人に告げておく．紅茶を試飲するときの条件をできるだけ同一にしてその婦人に飲ませたところ，果たして，見事にその両者を言い当てたとしよう．しかし，この1回(2種の紅茶を試飲)の実験結果だけでは偶然当たっただけかもしれない．まったく識別能力がなくても，当たる確率は，場合の数から$1!1!/2! = 1/2 = 0.5$となる．4個のカップを用意し2個ずつ英国式，仏国式で入れ，婦人が全部言い当てたら偶然に当たる確率は$2!2!/4! = 1/6 ≒ 0.167$となる．6個のカップを用意すれば$3!3!/6! = 1/20 = 0.05$，8個なら$4!4!/8! = 1/70 ≒ 0.014$である．偶然に当たる確率を5%以下にしたいとすると，カップは6個以上必要になる[6]．

英国式：ミルク→紅茶　　　　　仏国式：紅茶→ミルク

図1.2.1　紅茶の入れ方

---

6) 必ずしも確率の計算自体を理解する必要はない．

このとき，2種の紅茶を飲む順序についても考えておかなければならない．官能検査(味見試験)では，試飲する順序も影響するといわれているので，偏りを除くためには試料をランダムに並べて順に飲んでもらうことが必要である．

さらに，日時や場所が変わると得られる結果は一般に異なる．飲む人に不必要な予断を与えないようにしなければならない．試飲数を増すのはよいが，同じ状態で続けて何杯も飲めるものでもない．このように官能検査にはいくつもの問題がある．

説得力のある実験計画を立案するためには，Fisherが提唱した3つの基本原理を加味することが好ましい．この例に即して述べれば，①**局所管理の原理**として，実験の条件(紅茶の温度，紅茶とミルクの配合比，使うカップなど)を同一にして，そのほかの要因が味の識別に影響しない工夫を行う．すなわち，系統的な誤差を固有技術を使ってできるだけ取り除き，精度や検出力を高める[7]．また，②**無作為化の原理**として，紅茶の試飲は，提出順序に偏りのないように無作為化することで，取り除けない誤差を偶然誤差として評価し，データの独立性を保証する．そして，③**繰返しの原理**として，紅茶を言い当てるカップの数を増して試飲を行い，「確からしさ」を高める．

これらのことを考えて実験計画法を端的に定義するとすれば，「実験に際し，層別可能なものは層別し，どうしても誤差となってしまうものは無作為化する．そして，繰り返し，反復を行うことで誤差を定量的に評価するとともに実験の精度を高め，最小のコストで，必要とする最低限度の情報を客観的に得る方法の体系」であるといえる．

1.3　のこぎりの話

森林で使用する鋸(のこぎり)を大量に購入することになった．候補としてはA，B，Cの3社があり，「切れ味の良さ」を基準にして購入先を決定することにした．

　①　3社の鋸の歯を下にして1本の丸太の上にまっすぐに立て，その上に

[7) カップを8個用意する場合，8個全部を完全ランダマイズする方法よりは，英国式/仏国式の2カップをペアで比較し，これを4回反復するほうが好ましい方法である(第2部のQ51参照)．

一定荷重をかけて一定時間経過後の丸太に食い込んだ鋸歯の深さを測定して判定する．

［結果］　このやり方は，鋸で木を切るという実際の適用場面を考慮していないから受け入れられないだろう．

② 作業者に実際の丸太を3社の鋸で切ってもらい，その切取りに要した時間で判定する（図1.3.1）．

［結果］　この方法では，同じ丸太の同一場所を切るわけにいかないので，丸太の部位によって木の固さに違いがあると公平でなくなる．

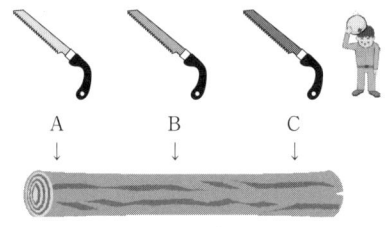

図1.3.1　切り方　その1

③ 同じ丸太の3カ所を選び，各部位ごとに，それぞれ，A→B→C，B→C→A，C→A→Bの順でできるだけ近い場所を3社の鋸で切って，切取りに要した時間の平均値で判定する（図1.3.2）．

［結果］　この方法では，丸太の種類や切る人が変わったら結果が変わるかもしれない．

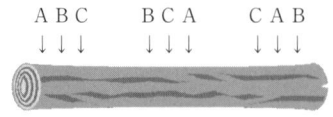

図1.3.2　切り方　その2

④ 丸太を6種類，作業者を6人選び，鋸を各社2挺ずつ計6挺選ぶ．そして，例えば，実験計画法（後述するラテン方格法）による表1.3.1のような組合せで，切取りに要した時間を測定し判定する．必要なら実験を繰り返すなり反復する．このとき，3社の鋸2挺の間の切れ味の差に対する3社間の鋸の切れ味の差に注目し，比較する．

表1.3.1　切り方　その4（ラテン方格内は処理（鋸の種類））

丸太／作業者	イ	ロ	ハ	ニ	ホ	ヘ
1	A2	C1	B1	C2	B2	A1
2	C2	B2	A2	C1	A1	B1
3	B1	A1	C1	B2	A2	C2
4	C1	B1	A1	A2	C2	B2
5	A1	C2	B2	B1	C1	A2
6	B2	A2	C2	A1	B1	C1

［結果］　これなら3社から異論が出ないと考えられる．

　この例のように，得たい情報に対して，実際に行う実験がふさわしく計画されていないと，せっかく実験して得た結論は不十分なものとなり，クレームがつく原因となってしまう．

1.4　信頼性・妥当性とスピードアップをもたらす実験計画法

　実験を行うときには，消費者社会，企業組織，また，実験者自身に対して，現状よりも良い結果が出ることを期待するものである．しかし，その分野の専門家である実験者にその思い込みが強すぎると，結果を客観的に評価できない場合が出てくるおそれがある．実験の結論には信頼性（一致性，再現性）と妥当性（対象を的確に把握しているレベル）が要求される．

　実験計画法をはじめとする統計的手法は，統計的な判断基準，すなわち，客観的な判断材料を提供してくれる．このとき，例えば最大5%や最大1%という小さい過ちの確率を受け入れられれば，正しい判断をしたことが科学的に保証され，的確な結論を得て次のアクションにつなげることができる．

1.4.1　信頼性と妥当性

　7つの因子（A, B, C, D, F, G, H）を取り上げ[8]，その効果を確認したい

---

8)　誤差に記号Eを用いることが多いので，因子名には通常Eを用いない．

とする．実験計画法（後述する直交表）を用いると，**表1.4.1**のようになるが，実験計画法を用いない実験者は，1つの因子のみの水準を変え，**表1.4.2**のように実験することが多い．これを**単因子逐次実験**とよぶ．

表1.4.1　実験計画法（直交表L_8）による8回の実験

実験No.	因子A	因子B	因子C	因子D	因子F	因子G	因子H	データy_i
1	1	1	1	1	1	1	1	y_1
2	1	1	1	2	2	2	2	y_2
3	1	2	2	1	1	2	2	y_3
4	1	2	2	2	2	1	1	y_4
5	2	1	2	1	2	1	2	y_5
6	2	1	2	2	1	2	1	y_6
7	2	2	1	1	2	2	1	y_7
8	2	2	1	2	1	1	2	y_8

表1.4.2　実験計画法を用いない8回の実験

実験No.	因子A	因子B	因子C	因子D	因子F	因子G	因子H	データy_i
①	1	1	1	1	1	1	1	$y_①$
②	2	1	1	1	1	1	1	$y_②$
③	1	2	1	1	1	1	1	$y_③$
④	1	1	2	1	1	1	1	$y_④$
⑤	1	1	1	2	1	1	1	$y_⑤$
⑥	1	1	1	1	2	1	1	$y_⑥$
⑦	1	1	1	1	1	2	1	$y_⑦$
⑧	1	1	1	1	1	1	2	$y_⑧$

　表1.4.2の場合，実験者は，各因子の代表水準（第1水準）を定め，これと，ある1因子のみを第2水準に変えたときのデータの差を知って要因効果の有無を判定する[9]．

---

[9]　厳密にいうと，この例は交互作用が存在しない場合の話であるが，ここでは，説明を明解にするために，交互作用のことは除外して説明する．交互作用がある場合（交互作用のないことが明らかでない場合も），実験計画法を用いる場合のメリットは用いない場合より，さらに大きくなる．

実験No.①はすべての因子の水準が第1水準の実験で，この条件を標準とする．実験No.②は因子Aの水準を第2水準とし，他のすべての因子の水準は第1水準とする．因子Aの効果は，実験No.②の実験のデータと標準条件である実験No.①のデータとの差$y_①-y_②$で判断する．因子B以下も同様である．この場合，$y_①-y_②$の分散(ばらつき)は$2\sigma^2$である．

一方，**表1.4.1**に示す実験計画の場合，因子Aの効果は，Aの第1水準のデータ(すなわち，実験No.1, 2, 3, 4のデータ)の平均値と，Aの第2水準のデータ(すなわち，実験No.5, 6, 7, 8のデータ)の平均値の差$(y_1+y_2+y_3+y_4)/4-(y_5+y_6+y_7+y_8)/4$で判断する．因子$B$以下も同様である．$(y_1+y_2+y_3+y_4)/4-(y_5+y_6+y_7+y_8)/4$の分散(ばらつき)は$\sigma^2/2$であり，実験計画法を用いない単因子逐次実験の場合の1/4に減少している．すなわち，同じ実験数なのに，精度が4倍となって信頼性・妥当性が大きく向上している．

また，**表1.4.2**の場合，それぞれ実験No.②，③，…，⑧の1つに誤差がたまたま異常に大きく出た場合(誤差が大きかったか否かは実験者にはわからない)，対応するA, B, …, Hの各要因効果の判定に影響を与えるだけだが，実験No.①だけは因子Aから因子Hの7回の判定すべてに用いているので，もし，この実験の誤差が大きい場合，すべての要因効果の判定に影響を与えてしまう．

一方，**表1.4.1**の場合は，すべての要因効果の推定にすべてのデータを用い，かつ，4つの平均値を用いるので，8つのデータのうちのどれに誤差が異常に大きく入ったとしても，判定結果への影響は極小化されている．

本項に示すように，実験計画法を用いれば，必要な情報を最小の実験数で得られるため，改善や研究開発のスピードアップ，経営資源の節約(人件費などの固定費，原材料，経費の節減)，現場へのアクションの迅速化などにつながる．

また，実験計画法を用いる場合と用いない場合の実験回数を同じとするなら，用いたほうが結果の精度が高まって軌道修正が適正に行われる．そのため，改善や研究開発の方向の正当性が増し，経営資源の無駄の回避に繋がる．

1.4.2 スピードアップ

因子として検討したい多数の要因を，できるだけ少ない実験数で，いかに実験計画に織り込むかについて考えてみる．前述の**単因子逐次実験**に比べて，いくつかの要因を同時に取り上げる**要因配置実験**の利点は，交互作用を検出できることや，実験結果の普遍性，再現性が高まることにある．

ただし，取り上げる因子数が多くなると，実験数の増加が顕著になる．表1.4.3にすべての因子が2水準（2^n型）のときの要因配置実験の大きさと自由度の配分を示す．すなわち，因子の水準が最小の2としても，取り上げる要因数（主効果の数）が10になると実験総数は1,024回にもなってしまう．

表1.4.3　2^n型の要因配置実験の大きさと自由度の配分

実験の型	処理数	自由度の配分		
		主効果	2因子間交互作用	残り（3因子間以上の交互作用）
2^3	8	3	3	1
2^4	16	4	6	5
2^5	32	5	10	16
2^6	64	6	15	42
2^7	128	7	21	99
2^8	256	8	28	219
2^9	512	9	36	466
2^{10}	1024	10	45	968

さて，交互作用はそれより低次の要因効果を定義した残りとして順次定義される[10]．ここで，2因子間交互作用は技術的に重視すべきであるが，3因子間以上の交互作用は無視できる場合がほとんどで，仮にあったとしても，たいていは固有技術的な解釈が困難で，誤差とみなしたほうが自然な場合が多い．

このように，因子数が多くなるにつれて実験数は飛躍的に増大し，同時に高次の交互作用の技術的解釈も困難となる．多数の実験を実施できる場合でも，実験の場を均一に保つこと自体が困難で，結果として誤差が大きくなってし

---

[10] $A \times B$の2因子間交互作用は，それよりも低次，すなわち，主効果A，Bを定義した残りとして定義される．直交実験における$S_{A \times B} = S_{AB} - S_A - S_B$の平方和の求め方を思い浮かべるとよい．同様に，$A \times B \times C$の3因子間交互作用は，それよりも低次，すなわち，主効果A，B，C，2因子間交互作用$A \times B$，$A \times C$，$B \times C$を定義した残りとして定義される．

まったのでは実験した意味を失う.

実際の場面では，実験者は因子数を絞りたくないので，同時に多数の因子を取り上げて重要な因子を見い出す実験が必要となる．そこで，求める情報を主効果と特定の2因子間交互作用に絞って，なるべく少数の実験で必要最低限の情報を得るという実験計画が望まれる．このようなときに有効な手段を与えるのが**直交表**(直交配列表)を用いた実験である．例を挙げる．

すべての因子が2水準の10因子を取り上げて繰返しのない要因配置実験を行うなら，10因子間のすべての交互作用を考慮したことになり，その水準組合せ数，すなわち，実験総数は $2^{10} = 1,024$ 回となる．この場合の**自由度**[11]の配分を**表1.4.3**で見てみると，主効果が10，2因子間交互作用が45，残りが968となっている．すなわち，前記した「検出する意味の薄い高次の交互作用」を求めるために968回もの実験を重ねていることになっている．

高次の交互作用がすべて無視できた場合，誤差分散は自由度968で評価する．誤差の自由度が小さいと検出力に問題が出るが，F分布表を見ればわかるように，誤差の自由度は，5～6程度確保できていれば実務上は十分である．したがって，968回もの実験は，過剰なまでに誤差の自由度を増すために実験を重ねており，実務上はほとんど役に立たない．

直交表実験では，必要な特定の2因子間交互作用だけに注目する．**2.1.3項**を参照すると，すべての因子が2水準の8因子と3つの特定の2因子間交互作用を取り上げる直交表実験を行った場合，16回の実験で必要な情報が得られる．要因配置実験の場合の実験総数 $2^8 = 256$ 回と比べるとその差は大きく，直交表実験がスピードアップに寄与する役割は極めて大きい．

1.5 直交表

要因配置実験は，基本となる実験計画であり，すべての因子の水準組合せを実施する（全部実施）．それに対し，直交表は一部の水準組合せしか実験しない

---

11) 変数のうち自由に動かしうる変数の個数のことで，全変数の数から，それら相互間に成り立つ関係式・制約条件の数を引いたもの．例えば，全自由度は実験総数から1を引いたもの，また，因子の自由度はその水準数から1を引いたものとなる．

第1部　実験計画法の活用

(一部実施)．したがって，実施する実験は必要な要因効果が検出できるような実験だけをセットとしてうまく選ぶ必要がある．そうでないと，分散が小さくならないばかりか，肝心の要因効果が求められない結果になってしまう．直交表を用いることにより，機械的，かつ，確実に目的とする計画ができる[12]．

物理／化学実験で用いる上皿天秤を用いて未知質量の試料W_1を測定することを例にとり，直交表の特質を考えてみよう．

測定には，当然，誤差があるが，天秤自体が正確であるとすると，誤差の大きさは分銅の刻みに依存する．左辺を左の皿，右辺を右の皿に対応させる．

$$w_1 = y_1 + e_1 \quad (y_1：分銅の質量，e_1：誤差) \tag{1}$$

(1)式のデータの構造において，上皿天秤を用いて何度測定しても精度は上がらない．n回測定しても，誤差が独立でないため，分散は小さくならないからである[13]．そこで，もう1つ別の試料W_2を用意する．試料が2つになると，独立な測り方が2通りに増える．すなわち，W_1とW_2を左側の皿にのせ，分銅を右側にのせる場合と，W_1を左側の皿にのせ，W_2を右側にのせ，軽いほうに分銅をのせる方法の2つである．ここで，分銅は右の皿にのせた場合をプラス，左の皿にのせた場合をマイナスと定義する．

$$w_1 + w_2 = y_1 + e_1 \quad \begin{cases} y_1：1回目の測定の分銅の質量 \\ e_1：1回目の測定の誤差 \end{cases} \tag{2}$$

$$w_1 = w_2 + y_2 + e_2 \quad \begin{cases} y_2：2回目の測定の分銅の質量 \\ e_2：2回目の測定の誤差 \end{cases} \tag{3}$$

説明の便宜上，誤差を無視すると，(2)，(3)式は，それぞれ，(4)，(5)式，

$$w_1 + w_2 = y_1 \tag{4}$$

$$w_1 = w_2 + y_2 \tag{5}$$

となり，連立方程式が解ける．すなわち，$\left(w_1 = \dfrac{y_1 + y_2}{2},\ w_2 = \dfrac{y_1 - y_2}{2}\right)$と答えが導ける．

2つの試料を別々に1回ずつ量るやり方では，母平均の推定値の分散は，

---

[12] 直交表は一部実施であるが，すべての因子について，実験者が良いと思う水準を第1水準にしておくと，すべての因子が第1水準である実験は必ず実験される．

[13] 理論的には，誤差が独立ならn回の測定で誤差分散は$\dfrac{\sigma^2}{n}$となる．

各々1回測定に相当するσ^2であるのに対し，この方法だと2つの試料の測定誤差の分散はともに$\sigma^2/2$となる．

試料の数が$n=4$になった場合について，好ましい量り方の一例を次の式で示す．ここで，[ ]内は各w_iを左辺に移項したものである．

$$w_1 + w_2 + w_3 + w_4 = y_1 + e_1 \quad [w_1 + w_2 + w_3 + w_4 = y_1 + e_1] \quad (6)$$

$$w_1 + w_2 = w_3 + w_4 + y_2 + e_2 \quad [w_1 + w_2 - w_3 - w_4 = y_2 + e_2] \quad (7)$$

$$w_1 + w_3 = w_2 + w_4 + y_3 + e_3 \quad [w_1 - w_2 + w_3 - w_4 = y_3 + e_3] \quad (8)$$

$$w_1 + w_4 = w_2 + w_3 + y_4 + e_4 \quad [w_1 - w_2 - w_3 + w_4 = y_4 + e_4] \quad (9)$$

これを例えばw_1について解くと(10)式となり，結論は4回測定で分散$Var(w_1)$は$\sigma^2/4$となる[14]．

$$w_1 = \frac{(y_1 + y_2 + y_3 + y_4) + (e_1 + e_2 + e_3 + e_4)}{4} \quad (10)$$

1.6 隠れた実験計画法の御利益

筆者が経験したなかで，実験計画法を用いて実験を行ったからこそ得られた隠れた御利益を一つ紹介しておく．実験者は，良い結果を与えると想定する条件は実験するが，結果が良くないと思う条件は特別の事情がない限り実施しない．ところが，直交表実験などでは，良い結果を期待できる条件はもちろん，そうでないものも実験することになる．果たして，思いもよらない条件がなんと最適であったということを過去に何度か経験した．これは実験者の常識を打ち破る素晴らしいものだった．実験計画法を使わなかったとしたら，とうてい発見できなかった水準組合せであった．

結果に影響する因子を正しく捉え，かつ，その水準を適正に設定できたとしても，因子数やその水準数が多くなると，実務上，すべての実験条件組合せを実施することはできない（得策ではない）．やむなく，実験は部分実施するが，選んだ実験条件組合せのなかに，よい実験条件組合せが含まれていないかもしれない．したがって，固有技術が万全ではなく，一抹の不安があるときには，

---

14) 統計量Zのばらつきを表す分散は，$Var(Z)$と記す．

第1部 実験計画法の活用

実験条件組合せの選定に際しては，実験者の思い込みをあえて入れないことも大切なことである．

なお，1.7節で述べるように，直交計画にこだわらなければ，やりたくない条件は必ずしも実施する必要がないことを付け加えておく．

1.7 直交計画にこだわらない

要因配置実験では，交互作用の検出や実験誤差把握のために繰返しや反復をとることが多い．なかでも，反復間誤差の検出が可能であることから，繰返しを含めて実験全体(**図 1.7.1** でいうと 18 回の実験)をランダムに行うより，水準組合せの一揃えごとに順次反復する実験(**図 1.7.2** でいうと A_1B_1 〜 A_3B_3 の 9 回の実験を 2 反復する)のほうが一般に有効である．

	B_1	B_2	B_3
A_1	○○	○○	○○
A_2	○○	○○	○○
A_3	○○	○○	○○

図1.7.1　通常の繰返し実験

	B_1	B_2	B_3
A_1	○●	○●	○●
A_2	○●	○●	○●
A_3	○●	○●	○●

図1.7.2　通常の反復実験
（○：第1反復，●：第2反復）

反復実験を行う場合においても，一般には同じ水準組合せで反復がなされるが，反復実験のもう一つのメリットは，第1反復の実験が終わった段階で，その結果を第2反復の実験計画に活用できることである．すなわち，第2反復では，第1反復とまったく同じことはしない．最適値，あるいは，重要と考える水準組合せなどの方向，すなわち，実験者が望む実験配置へと改変できる．これに対し，繰返し実験の場合は，実験開始前にすべての水準値を具体的に定めておくことが必要である．

誤差項と交互作用項を区別するためには，実験の繰返しが不可避であるが，必ずしもすべての水準組合せで複数回実験する必要はなく，最適条件や重要と思われる組合せ条件を中心に必要回数繰り返すほうが効率的である(第2部の

Q24参照)[15].

　直交計画には，要因効果を各々独立に把握できたり，セミナーや書籍で教えている汎用の分散分析で解析ができるというメリットがある．非直交計画に対する解析に対しては，汎用の解析ができず，やむなく**一般線形モデル**(以下，GLM：General Linear Model)にもとづくSAS統計分析(SAS Institute Japan)，SPSS統計解析ソフトウェア(IBM Japan)などの高度な解析用ソフトを用いなければならなかった[16]．

　最近では，非直交計画でも分散分析ができるGLMにもとづく解析ソフトとして，Microsoft Excelのマクロ機能を活用した専用ソフト[47]も用意されており，実験者が簡単に，かつ，使いやすい手順で分散分析や区間推定などの計算を定型的に行える．

　非直交計画の分散分析を行う場合，繰返し数が不揃いの多元配置実験などでは，要因効果の各平方和と誤差平方和の総計が必ずしも総平方和に等しくならない．このときの平方和の計算に関してはYatesをはじめいろいろな方法が提案されているが，本書では，SAS統計分析のGLM[17]にならっている．

　非直交計画のねらいを，最適条件をA_2B_2と想定する2元配置(各3水準)で例示する．通常の反復実験では，**図1.7.2**に示すように同じ水準組合せで反復がなされる．一方，**図1.7.3**のように第1反復実験が終了した時点で，最適条件がA_2B_2であればねらいどおりでよいが，そうでない場合，仮に矢印(A_3B_3)の方向に最適条件があるようであれば，実験者は，第2反復では異なる実験配置，例えば，**図1.7.4**の●のように実験条件をシフトしたいと考えるのが自然である．このように計画しても，複数の実験条件(A_2B_2～A_3B_3の4条件)で複数のデータがあるので，自由度の問題はあるが，誤差の見積もり自体は可能である．

　シフトの方向としては，任意の方向とできる．応用系としては，最適条件がA_2B_2であった場合，**第2部のQ43の表4.2**のように，実験数を減らすことも可能である．

---

15)　直交性を多少犠牲にしても実験効率自体を向上させるための計画についての芳賀の研究がある(巻末の参考文献[46]を参照のこと)．
16)　最近では，フリーソフトのRの使用が広まり，これを用いても解析ができる．
17)　第2部のQ66を参照されたい．

第1部　実験計画法の活用

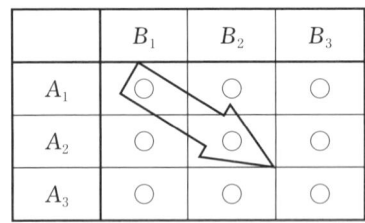

図1.7.3　第1反復終了時　　　　図1.7.4　配置の改変

1.8　実験計画法の極意

　実験計画法は，どのように実験を計画するかを考えることなのだが，実験をしなくても交互作用を含めた要因効果や最適条件を求めることができる場合がないわけでもない．それは，固有技術が相応にあって，それをわかる人が複数，できれば5〜10人くらいいる場合である．

　直交表を利用するとして，取り上げる因子を決めて，例えばL_{16}に割り付ける．その実験条件をみて，技術者がそれぞれ自分が良いと思う順に1〜16の番号を付す．同順位があってもよい．

　得られた順位をデータと見なし分散分析する．データが複数個あるので，枝分かれ型の誤差[18]を伴う形で分散分析することができる．解析結果から得た最適条件で実際に実験してみる．得られたデータが目標に対して満足いくものであったら実験終了である．

　ある実験に対して，ある実験者は高い順位を与えているのに別の実験者は低い順位しか与えていないようなことがあったら，両者のもっている情報に違いがあるか，交互作用の有無についての認識に違いがあるといったことがわかってくる．

18）実験の繰返しや反復は，実験全体を繰り返すのであるが，成形品の強度のように，1回の実験から試験片だけを複数個つくり，その特性値（強度など）だけをn回ずつ測定する場合などは，データ数はn倍になるが，実験そのものはn倍にはならない．このような場合は，同一条件での試験片間のデータのばらつきは，成形時のばらつきと測定のばらつき（まとめて測定誤差とよぶ）による．こういった測定誤差は枝分かれ型の誤差を形成し，より高次の誤差となる．巻末の参考文献[5]および**第2部のQ45**を参照されたい．

第2章 統計的手法の活用場面

本章では，実験者が手法と現場とのインターフェイスをどう自作するかの一助となるよう，実際の現場で日常的に行われている困った実験のやり方をいくつかとりあげる．そして，どのような場面で，どういった実験計画法の手法が活用できるのかについて，具体的に例示する．

2.1 実際の活用場面

2.1.1 統計的推測（検定と推定）とサンプルサイズ

ある処理をしたとき，その処理をしないときと比べて特性が変化したのか否かを知りたいような場合，通常，**統計的仮説検定**を行うが，仮説の設定の仕方が大切である．

(1) 化学製品の合成工程でA社の原料を使用しており，特性値は母平均50（単位省略，望大特性），母分散1の正規分布に従い，安定しているとする．コストダウンを図るため，A社より安価なB社の原料を採用したい．ただし，母平均が48を下回ると不具合の生じるおそれがある．そこで，B社の原料を数ロット取り寄せ，A社の原料をコントロール（対照）として比較実験をすることになる．このとき，例えば，以下の①や②の仮説を立てているとしよう．
　① B社の原料での特性値が50より小さいといえないなら採用する．
　② B社の原料での特性値が48より小さいといえないなら採用する．
これらの仮説を採用したときには，有意とならない（仮説が棄却できない）

ときにアクションするので，サンプルサイズ(データ数)を考慮しなければならない．検出したい差を検出するのに十分なデータ数が必要だからである．なぜなら，データ数が小さいと，実際には50以下であるのに，正しく50より小さいと判定する**検出力** $1-\beta$ が不十分となり，「50より小さい」という仮説を棄却できない結果(誤判定)となってしまう[1]．

逆に，データ数は多ければ多いほどよいかというと，これも否である．データ数が多すぎると，そのための費用，労力，時間の無駄になるだけではなく，実際には意味のない(取るに足らない)差まで検出してしまうからである[2]．適正なサンプルサイズをあらかじめ決定してから実験することが大切である．

したがって，通常は下記③の仮説を採用する．より積極的に進めるなら④を採用してもよい．こちらの仮説を採用する場合は，有意となった(帰無仮説を棄却した)ときにアクションするので，サンプルサイズの問題は発生しない(有意水準を小さな値に設定してあるからである)．

③ B社の原料での特性値が50より大きいといえれば採用する．
④ B社の原料での特性値が48より大きいといえれば採用する．

(2) 3つ以上の群で，個々の群(水準)と群を比較(検定)する場合，t 検定を繰り返し用いている場合がある．しかし，これでは，第一種の過誤(帰無仮説が正しいのに，これを棄却してしまう誤り)が大きくなってしまい，**危険率**が想定した**有意水準** α (通常5%)を超えてしまう．第一種の過誤を一定値に保ったまま複数の群間の検定を行うためには，**多重比較**の方法を用いることが必要である．ところが，Dunnett法，Bonferroni法，Williams法をはじめとして，多重比較の種類は多い．実験者はどれを使用したらよいか迷ってしまうばかりか，これらの手法の意味を十分理解していないと，実験者が置かれたそのときの状況に合致するものを選択することはできない．

---

[1] 極論すると，データが1個ではばらつきがわからないから判定できないので，データは2個以上必要だが，2個だと，よほど大きな差がないと差があるか否かわからない(統計的に有意とはならない)．
[2] データをたくさんとると，50.001でも50より大きくなったといえるが，通常は，実務的に意味のある差ではない．

2.1.2 要因配置実験

　要因配置実験は，すべての因子の水準組合せを実施する基本的な実験計画である．取り上げる因子が1つの場合を1元配置実験，取り上げる因子が2つの場合を2元配置実験，それ以上を多元配置実験とよぶ．

① AとBの2つの因子がある場合

　　この場合に行う単因子逐次実験では，まずBならBの標準の水準を指定し，それを固定して，Aの水準を順次変更して実験し，Aの最良水準を決める．次に，Aの水準をその最良水準に固定してBの標準の水準以外の水準を順次実験し，Bの最良水準を決定し，このA，Bの組合せを最良水準組合せとする（**第2部のQ25参照**）．

　　しかし，逐次実験は完全な無作為化ができないので，実験の順序による偏りが出るかもしれない．さらに，交互作用の問題がある．単因子逐次実験はすべての水準組合せを実験しないため，交互作用が存在すれば最適水準が正しく求められるという保証がない．交互作用がないなら結果は信頼でき，かつ，効率的と思えるが，前記のように，直交表と比較すると，そうとはいえない．誤差の定量化にも不安がある．というのは，制御できない外乱要因を誤差分散として評価するためには繰返しが必要で，必要とする確からしさ，確信の度合いを満足する必要十分な繰返し数をあらかじめ設定しなければならないからである．

② 新薬の効果を比較する場合

　　この場合，同じ容態の患者に試験薬と偽薬（placebo）を投与し比較する[3]．しかし，まったく同じ容態の患者をセットで用意することは不可能である．仮に試験薬を投与した結果が良くても，偽薬に対して有意でないと，その結果が薬効か，薬を服用したという心理的作用によるものかはわからない．さらに，1回だけの実験では結果が出ても偶然かもしれない．

　工学の分野では製品という物が対象となることが多いが，人が対象となることもある．人を対象とした実験や調査では，物に比べて次のような問題に配慮しておかなくてはならない．

---

[3] 最近は，倫理的な観点から，偽薬ではなく標準薬を用いることが一般的となっている．

有名なホーソン工場での実験[4), 5)]によると，照明を明るくしたり，組織や監督方法を変えたり，種々の条件を変えて女子工員の生産性との関係をみたが，条件に関係なく，生産性が上がった．労働者に注意が向いているというだけで生産性は上がったのである．このように，人間が対象となると，学習や記憶の影響，さらには，認知的な影響の偏りや体力，気力の影響などが生じる．

こういった場合の対応策として，**二重盲検法**(Double Blind Technique)が知られている．前記②の例でいえば，試験薬の処方群と偽薬の処方群があった場合に，被験者，実験者ともに条件がわからないように実験する．自分が試験薬を飲んだのか偽薬を飲んだのかがわかると，結果に差が出てくる．

さらには，被験者だけに薬の条件の違いを隠しておくだけでは十分とは限らない．いくら努力しても，人は無意識のうちに表情や声の調子，身ぶりやうなずきなどの態度で周りに影響を与えてしまう．実験者の暗黙の期待が被験者に影響してしまうこともある．したがって，被験者，実験者ともに実験条件を知らないように配慮することで先入観を除いた客観的な実験データを得ることができる．人は心理的な影響を受けやすい生き物なので，心理的な影響を与えないよう，舞台裏を悟らせない工夫が必要である．

以上のような場面でも，**1.2節**に述べたFisherの3原則が有用なので，活用するとよい．

2.1.3　直交表実験

単因子逐次実験は好ましくないので，実験計画の基本を要因配置実験におくことを**1.4.2項**で述べた．しかし，因子数・水準数が多くなると実験数は指数関数的に増大し，同時に**高次の交互作用**の技術的解釈も困難となる．実際の場面では，因子数を絞りたくない場合，同時に多因子を取り上げる実験が必要となる．求める情報を主効果と**特定の2因子間交互作用**に絞って，なるべく少数の実験で必要最低限の情報を得るという実験計画が望まれる．この目的に適う手法こそ**直交表実験**である．

---

4) Richard Gillespie, *Manufacturing knowledge -A history of the Hawthorne experiments*, Cambridge University Press.(1991)
5) 大橋昭一ら，『ホーソン実験の研究』，同文舘出版(2008)

① 例えば，樹脂コンパウンド製品の製造において，樹脂と繊維強化材の密着度を高めるため，A, B, C, D, F, G, H, K（各2水準）の8因子の主効果と，$A \times C, A \times G, G \times H$の交互作用を取り上げ，実験する場合を考えてみる．

　直交表を用いれば16回の実験で必要な情報が得られる．要因配置実験なら，実験回数は256回で，これと比べるとその差は大きい．全自由度255の内訳は，主効果が8，2因子間交互作用が28，残り（3因子間以上の交互作用）が219となる（**表1.4.3**参照）．検出する意味の薄い高次の交互作用効果を求めるために実験を重ねることは得策ではない．

② 直交表はすべての水準組合せを実施するのではなく，その一部しか実施しない．そして，実際に実施する実験は，必要とされる因子の要因効果を検出できるよう，直交した実験だけをセットとしてうまく選ばなくてはならない．適当に選んで実験してしまうと，直交実験にならないばかりか，肝心の要因効果が検出できなくなってしまう．しかし，直交表を用いると機械的，かつ，確実に実験者の望む直交計画ができる．

2.1.4 乱塊法実験

Fisherの3原則によると，実験はすべてを完全無作為化して行うことが大原則である（**1.2節**参照）．しかしながら，以下の例のような場合，すべての実験を完全無作為化して要因配置実験を行うと困ったことが起きる．

　例えば，実験数が多くなると，実験の場にともなう誤差が過度に大きくなる場合がある．すると，実験の場を管理することが困難となり，完全無作為化すると，かえって誤差が大きくなってしまう．

　そこで，実験全体を小分け（層別）することにより，実験単位（ブロックとよぶ）を管理可能な大きさに制限し，実験精度の維持，向上を図るのが**乱塊法**である．

　乱塊法では，ブロック間に対し，ブロック内がより均一となるように層別を工夫する．そして，各ブロックに比較したい処理の一揃えすべてを無作為に配置し，実験の場の誤差からブロック間変動を分離して処理効果の検出力（効果を正しく検出できる確率）を高める．

第1部　実験計画法の活用

① 健康食品の精製に用いる4種の溶剤組成を比較する場合を考える．健康食品の原料は農作物であり，工業原料と違って，収穫年によって出来／不出来の差がある．このように原材料の性状が一定ではない場合，すなわち，年間変動のあることがわかっているとき，これによって溶剤組成の効果も影響を受ける．比較の精度を上げるため，農作物の収穫年（一昨年，昨年，今年）をブロックとして，これを4分して，これに4種の処理剤を無作為に割り当てる．ブロックは3個で，これに4種の溶剤組成による処理をブロックごとに無作為に割り付けると，それぞれ均一とみなせるブロックのなかで溶剤組成の比較ができる．

② ブロイラーのn週齢から$m(n<m)$週齢に用いる肥育用飼料の8組成について比較する場合を考える．ブロイラーの初期体重が飼料の効果に影響するので，ブロイラーを24羽用意し，初期体重の大中小により3ブロックに分け，8組成の飼料をそれぞれのブロックに無作為に割当て$m-n$週間飼育すれば，初期体重による影響を除いた飼料の比較ができる．

2.1.5　分割法実験

完全無作為化が大原則とはいえ，実際の場面では，水準の変更が困難な因子を含む場合などでは，すべての実験を無作為化すると，効率を損ねる場合がある．そこで，まず水準の変更が困難な因子の水準について無作為化し，その水準のなかで他の因子，水準の組合せを無作為化して実験するほうが効率的な場合も多い．すなわち，実験因子により実験の場をいくつかに分けて無作為化する実験方法（**分割法**）の適用が有用である[6]．

① 熱可塑性フィルムの改質実験の場合を考える．まず，押出温度を3水準で製膜し，ついで，延伸条件を5水準で延伸するという計15回の実験を行いたい．押出工程では，温度を上げる時間は比較的短時間で済むが，温度を下げて設定温度に安定した状態とするには数時間かかる．完全無作為化のように，実験ごとに温度を変更して，安定状態になってか

---

[6] 乱塊法では，実験因子と別のブロック因子を導入して実験の場を層別したが，分割法では，実験因子そのもので層別する．

ら次の実験を行うとすれば、時間ロスが過度に大きくなってしまう．
② 成形品の衝撃強度を向上させるために，因子A(5水準)の条件を変更して樹脂を重合し，ついで，因子B(4水準)の条件を変更して成形する完全無作為化実験を計画したとする．繰返しのない2元配置実験では計20回の実験を無作為に行うことになる．もし，ポリマーは1回に最低50kgつくることが不可避で，成形には5kgしか必要でないとすれば，必要な資材の量が因子(工程)によって著しく異なるわけで，完全無作為化実験の場合，成形では5kg×5×4＝100kgしか使用しないのに，50kg×5×4＝1tを重合する必要がありロスが多い．
③ 因子Aの主効果がすでにわかっている場合を考える．新たに調べたいのは，因子Bの主効果と$A \times B$の交互作用である．この場合，実験を完全無作為化すると，改めて効果を知ることが必ずしも必要でない因子Aに対する検出力を，今回の実験で効果を知る必要のある因子Bや交互作用$A \times B$に対する検出力と同じように配慮していることになる．

2.1.6 一般線形モデルを用いた線形推定・検定論

通常の分散分析では，手法を理解しやすい形(汎用の解析法)で与えている．しかし，これらは，**直交計画**に限定される．
① 実験者が定型的な計画に安易に迎合せず，むしろ，実験目的に忠実に適合する計画を工夫しようとすると，計画自体が複雑になったり，**非直交計画**となってしまったりして解析が複雑になる．したがって，実験者は，解析方法に自信がもてず，この計画を断念してしまう可能性がある．
② 実験の結果，やむなく**欠測値**が生じた場合や繰返し数が異なる多元要因配置実験など，直交性が崩れた非直交計画の場合にも汎用の解析法は適用できない．欠測値の処理方法としては，再試験を行って欠測値を埋めるか，あるいは，繰返し数を同じにすればよいが，できない場合もある．かといって，欠測値や繰返しの不足しているデータの代わりに，適当な平均を当てはめると数理統計学的に厳密性を欠いてしまう．

こういった場合に適用できるのが，一般線形モデルを用いた**線形推定・検定**

論である．線形推定・検定論は，前記①，②の場合だけでなく，非直交計画の解析にも，ほぼオールマイティの力を発揮する．直交表における**擬因子法，アソビ列法，組合せ法，直和法**，あるいは，重回帰分析などの複雑な実験に対しても，正しい推定，検定が可能となる．巻末の参考文献[1]にはMicrosoft Excelのマクロ機能を活用した使いやすく教育的な専用ソフトが紹介されている[7]．

2.1.7 実験計画法における回帰分析

要因配置実験や直交表による実験では，要因効果を離散的に捉えて分散分析などの方法を組み立てる．特性値に影響する因子として計量的因子を扱う実験では，実験者は，通常の分散分析に加え，水準間の中間での推定ができるよう，特性y(目的変数)に及ぼす計量的因子(A＝説明変数x)の効果を連続式で捉えた解析手法を期待している．これが実験計画法における回帰分析である．説明変数が1つの場合，2つ以上ある場合を，それぞれ，単回帰分析，重回帰分析とよぶ．

① 健康飲料の作用機序を明らかにするため，その摂取量が血液検査の結果に及ぼす影響を検討したい．特性である血液検査の結果(例えば中性脂肪，mg/dl)に対して，1日当たりの健康飲料の摂取量(ml/日)を取り上げたとする．健康飲料の摂取量は，第1水準：100(ml/日)，第2水準：200(ml/日)，…というように水準を指定して実験するが，180(ml/日)のような中間の水準にも意味があり，水準値は本質的に連続である．これに対して，因子が健康飲料の種類のようなものであれば，一般に中間の水準には意味がない(第2部のQ56参照)．

② 金属製部品の曲げ強度を制御する目的で，因子A(x：熱処理温度(℃))と特性y(曲げ強度：MPa)の関係を調べる場合，熱処理温度の水準値は連続的である．この場合，直線関係を前提として要因の影響を評価したい．

③ ゴム製部品の強度を高めるため，加硫工程における温度，時間，添加

[7) 誰でも自由に日科技連出版社HP(http://www.juse-p.co.jp/)からダウンロードできる．

剤の影響を検討することにした．設定温度とは別に作業日報に実温度も記録していたので，過去30日間のデータを用いて解析したい．

2.1.8 計数値の取扱い

データは温度や圧力のように計量値だけではない．不良率，不良品の個数，単位面積あたりの欠点数などの計数値(離散値)，製品品質の良悪といった計数分類値，優／良／可などの順序をもった計数分類値などであることも多い．このような場合，正規分布をベースとする計量値に対する取扱いだけでは不十分で，計数値特有の取扱いが必要になるが，一般の実験者は総じて不慣れである．以下に，計数値の取扱いとして，いくつかを例示する．

① あるサイコロを120回振って，出る目を調べたところ，表2.1.1のような結果を得た．このサイコロは公正でないといえるか否か知りたい．

表2.1.1 サイコロの出る目

サイコロの目	1	2	3	4	5	6	計
実現度数(回)	21	21	17	27	14	20	120

サイコロが公正なら，いずれの目の出る確率も6分の1(期待するのは各20回)であるが，すべての出目が20回ずつというのはかえって不自然であり，むしろこのように多少ばらついているほうが自然である．肝心なのは，このばらつきが意味のあるばらつきなのかどうかにある．

② 従来の製品の不良率は3％であった．工程(製法)に改良を加えて不良率の低減を図りたい．製品を3,000個試作しようと思うが，不良品がいくつ以下であれば不良率が減少したといえるのか知りたい．

③ 表2.1.2，表2.1.3は，それぞれ，2012年のプロ野球のセ・パ両リーグ最終成績である[8]．セリーグは巨人が独走，パリーグは日本ハムが混戦を制した形となっているが，両リーグで各チームの実力には本当に差があったのだろうか．巨人と日本ハムは統計的に強かったといえるのか[9]．

---

[8] YAHOO! JAPAN スポーツ(http://baseball.yahoo.co.jp/npb/standings/1/)のデータにもとづく．

表2.1.2　2012年のプロ野球セリーグの最終成績(勝ち点は,勝が1点,引分けが0.5点)

順位	チーム	試合数	勝数	負数	引分け	勝率	勝ち点	勝ち点期待値
1	巨人	144	86	43	15	.667	93.5	72
2	中日	144	75	53	16	.586	83	72
3	ヤクルト	144	68	65	11	.511	73.5	72
4	広島	144	61	71	12	.462	67	72
5	阪神	144	55	75	14	.423	62	72
6	DeNA	144	46	85	13	.351	52.5	72

表2.1.3　2012年のプロ野球パリーグの最終成績(勝ち点は,勝が1点,引分けが0.5点)

順位	チーム	試合数	勝数	負数	引分け	勝率	勝ち点	勝ち点期待値
1	日本ハム	144	74	59	11	.556	79.5	72
2	西武	144	72	63	9	.533	76.5	72
3	ソフトバンク	144	67	65	12	.508	73	72
4	楽天	144	67	67	10	.500	72	72
5	ロッテ	144	62	67	15	.481	69.5	72
6	オリックス	144	57	77	10	.425	62	72

2.2　直交表実験におけるその他の発展的な手法

汎用的な手法ではないが,知っておくと便利なものを以下に挙げておく.

2.2.1　多水準法,擬水準法

2水準系の直交表で,因子の水準が2よりも多いときに適用できないのでは実際の場面で不都合も多い.このような場合に用いるのが多水準法と擬水準法

---

9) 各チーム間の実力差がないという仮定(帰無仮説とよぶ)のもとで,このような順位になったのは,たまたまと考えるほうが自然なのか,このばらつきが意味のあるばらつきであったのかどうかにある.セ・パ交流戦,引分けの問題,球団の勝ち負けは独立ではない,などのマイナーな問題はあるが,これは適合度検定(χ^2検定)ができて,結果だけを述べると,有意水準5%で,セリーグでは各球団の実力に差があるといえるが,パリーグでは差があるとはいえない.

である．これらを理解すれば，3水準，4水準，…の因子が混在した場合でも，2水準系の直交表を利用した応用範囲の広い実験計画が可能となる．

L_8直交表で，(1)～(3)列をまとめて考えると，(1, 1, 1)，(1, 2, 2)，(2, 1, 2)，(2, 2, 1)という水準記号の組合せが各2回ずつ現れており，これが，因子Pの4つの水準に相当する．この方法を多水準法とよぶ．

2水準系直交表に3水準の因子を割り付けるには，まず，多水準法で3列を使って4水準を作成し，そのうちの2つの水準に対して実験予定の3水準のいずれかを重複水準として割り付ける．この方法を擬水準法とよぶ．どの水準を重複させるかは任意であるが，推定精度や結果の実務への応用といった観点から，重要な水準や技術的によいと想定される水準を重複するとよい．

その結果，第1水準，第2水準ではデータが2個ずつ，第3水準ではデータが4つという形で3水準の因子Pの割付けができる．

2.2.2　組合せ法

2.2.1項の擬水準法を適用すると，水準の重複による誤差が発生する．この誤差を有効に使って別の因子を割り付ける方法が組合せ法である．

例えば，**表2.2.1**は，3水準の因子Aと2水準の因子Bによる6通りの組合せ処理であるが，○印の組合せだけを取り上げ，実験ができない組合せ，実験する意味の薄い組合せ，あるいは，結果が良くないことが明らかな組合せなど，×印で示す実験を除外できれば，○印の4通りを多水準法による4水準に対応させることができる．B_2での○印はA_1である必要はなく，事前の情報をもとに，取り上げない条件に×印を入れればよい[10]．

表2.2.1での○印を，A，B別に見ると，A_1のデータ数は，A_2，A_3の2倍あり，4水準のうち2つに重複して割り付けられている．一方，B_1はB_2の3倍のデータ数となるように，4水準のうち3つに重複されており，A，Bいずれにも擬水準法が使われているとみることができる．A，Bそれぞれの効果を調べたければ，**表2.2.1**のB_1の行のA_1，A_2，A_3の比較からAの効果，A_1の列のB_1，B_2の比較からBの効果を知ることができ，Aの比較に関してはB，Bの比較に関

---

10) Aの効果とBの効果を分離する必要がなければ，**表2.2.1**は4水準因子「AB」の内容を説明したにすぎない．

表2.2.1　ABの組合せ因子（ABとして4水準）

	A_1	A_2	A_3
B_1	○	○	○
B_2	○	×	×

してはAの条件は同じ水準に保たれる．このように，多水準法による多水準を出発点として，複数因子を同時に擬水準法によって割り付け，それぞれの効果を調べる方法を組合せ法とよぶ．なお，組合せ法では，$A \times B$の交互作用のない場合を想定する．

他に列が余っていれば，組合せ法ではなく，擬水準法とするほうが直交性を保持できる点で望ましい．組合せ法は，余分の列がない場合に，さらに1つの因子を割り付けたいときに使う方法である．

2.2.3　擬因子法，アソビ列法

直交表に多くの因子を割り付けるとき，他の因子の水準によって取り上げる因子や水準組合せを変えて割り付けたい場合がある．このとき，形式上の仮想の因子を想定して割り付け，実際の中身は現実の因子とする方法がある．これを擬因子法，アソビ列法という．

因子Aが化学反応の触媒の種類，因子Bが反応助剤であるとすると，平方和について，通常表現Ⅰとは異なる表現Ⅱが考えられる．平方和の分解については，要因配置実験でも，直交表実験でも，定性的因子が関係する交互作用については，表現Ⅱの形が適切な場合があり，技術的にふさわしいほうを採用する．例えば，触媒別に最適な助剤を決定したいのなら，表現Ⅱが適切である．

　　　表現Ⅰ：$S_{AB} = S_A + S_B + S_{A \times B}$
　　　表現Ⅱ：$S_{AB} = S_A + S_{B(A_1)} + S_{B(A_2)}$

表現Ⅱを少し広く解釈すると，①A_1でのBとA_2でのBは同じ因子の異なる2水準でもよく，さらに広く考えると，②A_1では因子C，A_2では因子Dというように，別因子であってもよい．これは，要因実験でも同じことである．

通常の直交表は表現Ⅰで与えられるので，A_1，A_2でのB_1，B_2に対して，①ではC_1C_2とC_2C_3，②ではC_1C_2とD_1D_2をそれぞれ対応させるといった方法を

とる．いずれの場合も，実際に水準を設定する因子はBではなく，CあるいはDであり，直交表上の形式的な表現にすぎない因子Bを擬因子とよぶ．①をアソビ列法，②を擬因子法とよんで区別する（第2部のQ30参照）．

2.2.4 直和法

検討すべき因子と水準の数は多いが大きな実験はできない．また，逐次的に得られる結果を次に行う実験に活かしたいというときに**直和法**を用いると有効なときがある．すなわち，直交表実験を行う際，最初からL_{16}全部を実験せずに，L_8実験×2回に分けて実験すれば，1回目のL_8の結果が2回目のL_8の計画に活かせる．例えば，すべての水準を当初から設定しなくても済むメリットがある．そして，L_8×2回の実験を併合して，直和法のL_{16}として総合解析ができるように計画する．次の例を考えてみる．

定量的因子A, Bについての最適水準を，できれば極値として求めたい．したがって，A, Bは少なくとも各3水準以上を取り上げたい．そのほか，C, D,…（各2水準）計7因子も取り上げたい．$A×B$以外の交互作用はないとする．必要な自由度は，A, Bを各3水準としても，L_{16}には割付けが不可能である．L_{32}では実験が大きすぎるし，また，A, Bについては，最初から3水準を固定して実験するのではなく，第1水準と第2水準の結果を見てから，良いほうの側に第3の水準を設定して実験したほうが，極値として最適条件が求められる可能性が高いので，L_8を2回反復する直和法で実験を組む．最適水準は求められなくても，1回目のL_8でデータが目標値をクリアしたときには，その時点での実験終了を視野に入れることもできる．

直和法はその計画の性格上，因子数に対して実験数が少なく，誤差の自由度が小さい．したがって，直和法を実施するときは，すでに実験誤差の大きさ，少なくとも数値のオーダーぐらいはわかっている場合が好ましいといえる．固有技術的な判断から実験結果を十分吟味することも肝要である．直和法における反復は，単なる反復ではなく各種の要因が複雑に交絡している．また，解析は複雑となるので，GLMを用いた線形推定・検定論を用いるとよい．

2.2.5 直積法

無視できない交互作用があるときに，それに関係した条件が変化すれば特性値が変化し，製品の性能や品質が十分に保証できないことがある．特に，品質保証に関係した制御因子と，消費者の使用条件に関係した標示因子との交互作用には注意する必要がある．

因子を2組に分け，それぞれを L_N, L_M に割り付けて $N \times M$ 回の実験をすべて行う方法を**直積法**という．製造条件に関する制御因子と，使用条件に関する標示因子をその2組とすれば，問題とする交互作用のすべてが検討され，環境変動に影響されにくい製造条件の設定が可能になる．この方法を**パラメータ設計**という．なお，製造側の因子を**内側因子**，使用側の因子を**外側因子**とよぶ．これにより実験の総数は多くなるが，要因配置実験，直交表実験で述べたような最適値の求め方に，研究開発，生産技術，製造などにおいて要求される平均的な最適性や，使用条件と絡んだ**弾力性**，**安定性**などを含めて総合的な配慮をした最適条件を設定する場合の適用に好適である（第2部のQ52参照）．

2.3 その他の発展的な手法

その他に，知っておくとよいものを以下に上げておく．

2.3.1 ラテン方格法

乱塊法の発展系としてラテン方格法について簡単に述べる．直交表を L_{16} などのように書くが，この L はラテン方格（latin square）の頭文字からとったものである．

例えば，4通りの処理 $T(t=4)$ によって作物の収穫量に違いがあるか否かを検討する圃場試験で，図2.3.1の①，②，③のように，圃場を4行4列に小分けすると，実験は行方向と列方向のブロック因子2つにより局所管理される．

これにより，圃場の地質，地味，日照，水はけ，沃度などによる変動が，行方向のみならず，列方向にもブロック間変動として分離できる．すなわち，完全無作為実験はもちろん，乱塊法よりもさらに検出力に優れ，精度のよい実験となることが期待できる．これがラテン方格法である．

第2章 統計的手法の活用場面

①
1	2	3	4
2	1	4	3
3	4	1	2
4	3	2	1

②
1	2	3	4
3	4	1	2
4	3	2	1
2	1	4	3

③
1	2	3	4
4	3	2	1
2	1	4	3
3	4	1	2

図2.3.1　ラテン方格の配置(枠内の数字は処理Tの水準を示す)

各行,各列に1,2,…,tが1通りずつ現れ,$t \times t$の文字配列であるラテン方格(本来はラテン文字)を利用すると,行方向,列方向のいずれのブロックにもt処理の一揃えを割り付けることができる.

実験の割付けを決めるためには,「行と列のブロック因子と水準を決めること」「処理数tに対応した多数のラテン方格から無作為に1つを取り出すこと」「方格内の1,2,…,tと実験処理$T_1, T_2, …, T_t$の対応を無作為に決めること」が必要である.これらにより,実験誤差が独立に変動する形でラテン方格法による実験の場をつくることができる[11].

$t \times t$の直交するラテン方格を2つ重ね合わせられるとき,**図2.3.2**のように重ねたものをグレコラテン方格法という.同様に,**図2.3.3**のように3つの直交ラテン方格を重ねたものを超グレコラテン方格法という.

11	22	33	44
24	13	42	31
32	41	14	23
43	34	21	12

図2.3.2　グレコラテン方格法の配置

111	222	333	444
234	143	412	321
342	431	124	213
423	314	241	132

図2.3.3　超グレコラテン方格法の配置

ラテン方格法における誤差の自由度ϕ_eは,tが小さいと極度に小さくなり,実用的なラテン方格としては,$t \geq 4$($t=3$のとき$\phi_e=2$,$t=4$のとき$\phi_e=6$)である.

---

[11] 1.3節ののこぎりの話で示した表1.3.1もラテン方格の例である.

2.3.2 共分散分析

応答に影響する因子は実験因子だけではない．その他の要因は，何らかの方法で一定値に保つ，あるいは，無作為化することにより偶然誤差へと転換することができる．

しかし，コントロールできないその他の要因が実験結果に影響するおそれがあるとき，自然変化に任せて無作為化して実験すると，その影響により誤差を増大させていることになる．影響度が大きくないときはよいが，相応に影響するなら何らかの対応が必要となる．応答(特性値)には影響するが，実験因子には影響されず，制御できないものを**共変量**という．

共変量の影響が大きいとき，これを無視して実験すると，要因効果を誤判定したり，推定に偏りが入ったり，あるいは，検出力が低下したりする．このような場合の対処の一方法として共分散分析がある(**第2部のQ46参照**)．

2.3.3 ロジスティック回帰

ロジスティック回帰分析とは，従属変数が計数データ，例えば，0と1の間の値をとる不良率や，2値変数(0と1など)で，説明変数が計量的な場合に利用できる解析手法である．

ロジスティック回帰は，一般の回帰と異なり，従属変数がyではなく$P(y)$になり，$P(y)$はyが得られる確率を意味する．よって，値は0〜1までの範囲となる．

従属変数が2値変数の場合には，通常の回帰分析のように直線的関係を仮定するには無理がある．2値変数にはそもそも正規分布という仮定が当てはまらず，回帰分析においては線形性の仮定をするため，予測値が従属変数の存在可能な範囲を超えてしまうことがあるなどの問題が生じるからである[12]．

ロジスティック回帰分析では，従属変数yそのものの値ではなく，yが起きる確率$P(y)$に置き換えることで問題を解決する．といっても単純に直線的な関係を考えると，$P(y)$は0や1の範囲を超えてしまうので，確率$P(y)$は上限値と下限値をもつS字型の曲線，すなわちロジスティック曲線に従うとす

---

12) 例えば収率であれば，100を越えたり，負になったりする状況を指す．

る[13].

　ロジスティック曲線では，確率に対して重み付けがなされているということも利点の1つである．図2.3.4(傾きの異なる2つのロジスティック曲線を例示)をみるとわかるように，中間地点では，わずかな横軸の差が縦軸の大きな違いを生み出すが，両極ではそうではない．これは現実と対応していることが多い．例えば，製品の不良率を20%から10%に10%下げるのは，さほど難しくはないが，同じ10%下げるのでも11%の不良率を1%にするのは大変なことであることから，直感的に理解できる．

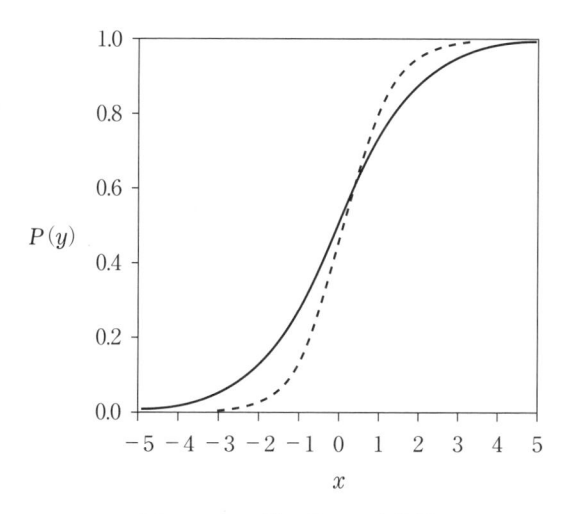

図2.3.4　ロジスティック曲線

2.3.4　ノンパラメトリック

　ノンパラメトリック(non-parametric)は本当に検出力が低いのかというと，必ずしもそうとは限らない．ノンパラメトリックには，以下の利点がある．

①　結果が分類値や順位データとしてしか得られないときに使用できる．

②　分布によらず，どんな分布に対しても適用できる．

[13) ロジスティック曲線ではなくて，累積正規分布関数を用いるプロビットモデル(probit model)とよばれる分析もあるが，扱いはロジスティック回帰分析に比べて難しくなる．なお，プロビットという言葉はprobability unitを略したものである．

③ 難しい数理を知らなくてもできる．
④ 計算が比較的簡単である．
⑤ 異常値に強い．
⑥ 一般的に検出力は低くなるが，その低下は僅かである（第2部のQ69参照）．前記⑤へのロバストネス（robustness：頑健性）を考慮すると，パラメトリックな方法より効率が高くなることもある．

2.3.5 順位のある計数値

取り上げるデータが順位のある計数値の場合について考えてみる．第2部のQ79の図7.1に示したように，A，B2工場間において，製品の等級（1～5級）の出方に違いがあるような場合を考える．順位を考慮しない分割表の検定は，各等級の割合の違いをみる検定であるのに対し，ウィルコクソン（Wilcoxon）の検定は，順位（等級）を考慮した平均順位（中心位置）の違いをみる検定である．両者は検定する目的が異なるので，目的によって使い分けるべきである．

2.3.6 サンプルサイズと実験の大きさ

母平均の検定を例にとり，検定に先立ち，検出したい差を，必要とする検出力で検出するための実験の大きさ，すなわち，必要なサンプルサイズ（データ数）について述べる．

① 従来の薬品の効果と比較して，新しく開発された薬品の効果を検討したい．有意水準 α を0.05，検出力 $1-\beta$ を0.90としたとき，何個のサンプルを採取すればよいだろうか．
② データを得て分析したが，結果が有意にならなかった．それはサンプル数が少ないためかもしれない．サンプル数をもっと増やしていたらよかったのだろうか．
③ 経済的な側面は別として，サンプル数が増えるほど母集団の真値に近づく[14]のだから，サンプルは多ければ多いほどよいのではないか．

などと思う場面はよく現れる．

---

14) 大数の法則という．

例えば，鉛筆を製造しているとして，同じ仕様の2つのラインP，Qから生産される鉛筆の長さ(寸法)を考えてみよう．この場合，2つのラインから得られる製品の寸法はほぼ同じと考えてよい．しかし，多数の製品の寸法を精密に測定したとしたら，それぞれのラインから生産される鉛筆の寸法にはわずかだが差が見られる．その原因は，例えば，一方のラインがより空調機に近いために生じるわずかな温度(熱膨張)の影響かもしれないし，床の傾斜がわずかに違うために生じる重力の作用，あるいは，ラインの設置過程で生じたボルトの締め方の違いかもしれない．

もちろん，実験者は取るに足らないこのような違いを知りたいわけではないはずで，サンプルが多ければ多いほどよいという考えは通常適切とはいえない．すなわち，サンプル数が多くなれば検出力が高まり，有意差を検出できる可能性は高くなる．しかし，これが行き過ぎると，取るに足らない差まで検出してしまい，実務的な意味を失う．サンプルの数が少なすぎると，問題となる程度に寸法が異なっている鉛筆を製造しているのにも関わらず，このことを検出できなくなり，これこそ実務的に意味がない．

このように，事前に検出したい差を実験に先立って設定し，それを適切な検出力で検出するために必要なサンプル数を求めて実験を計画することが大切なのである．

2.3.7 交絡法，BIB，PBIB

交絡法[15]は，処理間の比較から特定の直交成分を取り出してブロックと交絡させる方法であり，交絡されない比較の成分はブロックと直交しているという点で，完備型実験[16]の性質を残した実験配置である．要因配置実験や直交表で用いられる．

これに対し，釣り合い型不完備ブロック計画(BIB：Balanced Incomplete

---

15) 交絡とは，2つ以上の効果が渾然一体となって分離できない状態をいう．したがって，このときは交絡要因を別々に取り出すことはできず，この情報は捨てるしかない．実務的には，反復をとるたびに，交絡するブロックを変えておけば，交絡していない反復においては，要因効果を取り出すことができる．
16) 完備型実験では，すべてのブロックで取り上げたすべての処理が比較される．乱塊法は完備型である．そうでない場合を不完備型実験とよぶ．分割法は不完備型である．

Block design)は，すべての処理が均等に他の処理と比較される，すなわち，一様にブロックに交絡させる方法であり，処理効果とブロックの直交性は失われており，1因子の多水準実験に用いる．なお，乱塊法におけるブロックはすべての処理効果を含んでいるため，ブロックと処理効果は直交している．

また，BIBと異なり，部分釣り合い型不完備ブロック計画(PBIB：Partially Balanced Incomplete Block design)は，すべての処理を一様にブロックに交絡させず，処理によって比較されるブロックが不均一となっている方法である．

第3章 人の教育

　第1部の結びにあたり，人事部門や上司に対して，人材育成の面からアプローチするやり方についてごく簡単に補足しておく．

　最近のセミナーの受講者を見ると，現場における問題解決テーマとしては，固有技術的な問題が主となっているが，企業における人材育成（例えばQC教育）そのものも大きなテーマの1つとなっている．両者とも，QC手法が役に立つことは間違いないが，とくに後者の場合，対象が自然界ではなく人間であるため，「ひと」の面からアプローチすることが不可避であるといえる．

　従来から，教育については，組織，管理，手法といった面からのアプローチについて多くの検討がなされてきた．しかし，「ひと」の面への踏み込みに乏しく，また，実行場面での研究という点にもほとんど踏み込んでいなかった．

　「ひと」の面を中心に，(a)自分と仕事との関わり合い，(b)対話によるプロセスにおけるつくり込み，そして，(c)チームマネジメントを考え，アプローチすることが不可避である．

　産学官，それぞれの組織体の根底にあるものは諸活動に携わる人材であるということに教育の本質がある．すなわち，義務や責任感で仕事をしている状態から，仕事の意味と独自のインセンティブを見出し，まわりの協力を得ながら，仕事の目標に対して，揺るぎない信念と独自のインセンティブをもって遂行できる人材が育っていくことの大切さを再認識したい．

　以上に述べたことの詳細については，巻末の参考文献［30］〜［37］を参照されたい．

第2部
実験計画法
100問100答

　第2部では，DEの入門レベル／初級レベルの実験者が普段抱いている「DEに関する消化不良となっている点に答えてほしい」という要望と，DEの中級レベル／上級レベルの実験者の想いである「数理統計学の本を読むのは大変だが，DEの市販の成書には書いていない自分の疑問に答えてほしい」という要望の双方に応えられるよう配慮した．したがって，問答集のなかには，簡単なものから数理統計学的にやや難解なものまで広範囲に採用してある．すべての項目に目を通していただくことを期待しているが，必ずしも必要ではない．読者の必要に応じて部分的に読んでいただいてもよい．

第1章 検定と推定，分散分析

Q1 一般に α = 0.05 が用いられていますが，5%の間違ってしまう確率は数値が高く，少し不安に感じます．

A1 有意水準 α = 0.05 で検定すると，「100回中5回は間違えてしまう」からと不安に感じるかもしれない．しかし，第一種の過誤 α は H_0 が正しいときに，H_1 が正しいとしてしまう確率で，H_1 が正しいときのことではない．実験者は自身のもつ固有技術にもとづいて実験している．多くの場合，固有技術は正しい，すなわち，H_1 は正しいことが多く，実務的には間違えるケースは5%より相当少ないと考えられる．**表1.1**を参照されたい．

表1.1 判定と真実の関係

		判　　定	
		$H_0: \mu = \mu_0$	$H_1: \mu \neq \mu_0$
真実	$H_0: \mu = \mu_0$	$1 - \alpha$（正しい判定）	α（第一種の過誤）
	$H_1: \mu \neq \mu_0$	β（第二種の過誤）	$1 - \beta$（正しい判定）

Q2 信頼率95%の信頼区間の意味はどのように考えるとよいでしょうか．

A2 μ は母数（パラメータ）であり，真の値はわからないが定数であって，確率変数ではない．μ はわからないため変数であるかのように思ってしまいそうだが，データをとるたびに変化するのは点推定値や

信頼区間である．したがって，信頼率95％の意味は以下のようにとらえるべきである．

「ある一揃えのデータを仮に100セットとったとして，それぞれを個々に解析すると，信頼区間が100個得られる．この100個の信頼区間のうち，95個がμを含んでいる（図1.1）」．

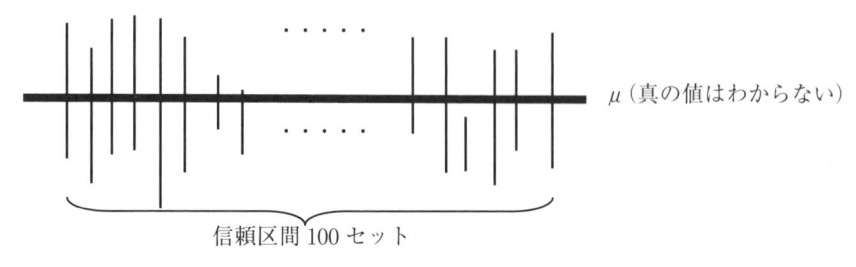

図1.1　信頼区間の意味

Q3

有意水準1％で有意（**）とは，同5％で有意（*）よりも効果が大きいといってよいのでしょうか．

A3

有意水準を適用するのは検定を行うときであり，1％有意は5％有意より効果が大きいか小さいかを議論することは意味がない．議論の意味がないという理由は，効果の大小は検定ではなく推定の問題であるからである．検定における有意水準の意味は，「1％有意は，5％有意よりも，H_1が正しいといってよい確信の度合いが高い」ということを意味する．

Q4

有意水準，第一種の過誤，危険率，信頼率などで同じ記号αを用いていますが，これらの違いは何でしょうか．

A4

有意水準は，第一種の過誤と同様に記号αで表すが，検定において棄却域を設定し，帰無仮説H_0を棄却するかどうかを判断する基準となる確率を示す．すなわち，有意水準を小さい確率に抑えたうえで，

「H_0 の下では通常得られにくい結果が得られた」と考えるより，むしろ，「H_1 の下での当然の結果である」と考えるのである．

第一種の過誤とは，帰無仮説 H_0 が正しいのに棄却し，対立仮説 H_1 を採択する過ちである．このとき，H_0 を棄却する危険性が最大 100α ％あることになる．この危険性を危険率という．

さて，Microsoft Excel の関数を用いれば，検定統計量の値に対して p 値を出力することができる（例えば，Excel 2010 では NORM.S.DIST 関数）．このときの p 値は，検定統計量の値から危険率を求めている．p 値を計算して有意水準 α より小さい値となった場合，「有意水準 α で有意である」という表現をする．p 値は検定統計量から危険率を出したものである．

このように，「検定の際，設定した有意水準 α」は，「危険率」または「第一種の過誤」と意味合いが異なり，必ずしも同じ値とはかぎらない．

また，区間推定における信頼率とは，推定した区間が推定したい母数を含む確率が $1-\alpha$ であることを示す（**Q2** 参照）．

Q5 分散分析において，プーリングは2回以上してもよいのでしょうか．

A5 分散分析では，しばしばプーリングが行われるが，これは1回限りとする．その理由は，何度もプーリングし，検定を繰り返すと危険率が5％よりも大きくなってしまうからである（**Q6，Q7** 参照）．参考に，極端なケースを2つ例示する（**表1.2**）．

ケース1では，分散分析表1で A と B は10％有意である．$F_0 \leq 2$ の因子をプーリングすると分散分析表2となる．分散分析表2で $F_0 \leq 2$ の因子をプーリングすると，分散分析表3となり，さらに $F_0 \leq 2$ の因子をプーリングすると，分散分析表4となる．ここでも，$F_0 \leq 2$ の因子をプーリングしてしまうと，因子は何も残らない．

ケース2では，分散分析表1で $F_0 \leq 2$ の因子をプーリングすると分散分析表2となる．分散分析表2でも $F_0 \leq 2$ の因子をプーリングすると，因子 A は残る

表1.2 プーリング

【ケース1】

分散分析表1

sv	ss	df	ms	F_0	
A	430	2	215.00	3.26	▲
B	393	2	196.50	2.98	▲
C	357	2	178.50	2.71	
A×B	525	4	131.25	1.99	
A×C	524	4	131.00	1.99	
e	791	12	65.92		
計	3020	26			

▲は10%有意

分散分析表2

sv	ss	df	ms	F_0
A	430	2	215.00	2.34
B	393	2	196.50	2.14
C	357	2	178.50	1.94
e	1840	20	92.00	
計	3020	26		

分散分析表3

sv	ss	df	ms	F_0
A	430	2	215.00	2.15
B	393	2	196.50	1.97
e	2197	22	99.86	
計	3020	26		

分散分析表4

sv	ss	df	ms	F_0
A	430	2	215.00	1.99
e	2590	24	107.92	
計	3020	26		

【ケース2】

分散分析表1

sv	ss	df	ms	F_0
A	60	2	30.00	3.13
B	10	2	5.00	0.52
C	40	2	20.00	2.09
A×C	76	4	19.00	1.98
A×B	25	4	6.25	0.65
e	115	12	9.58	
計	326	26		

分散分析表2

sv	ss	df	ms	F_0
A	60	2	30.00	2.92
C	40	2	20.00	1.95
e	226	22	10.27	
計	326	26		

分散分析表3

sv	ss	df	ms	F_0
A	60	2	30.00	2.71
e	266	24	11.08	
計	326	26		

分散分析表4

sv	ss	df	ms	F_0	
A	60	2	30.00	3.60	*
C	40	2	20.00	2.40	
A×C	76	4	19.00	2.28	
e	150	18	8.33		
計	326	26			

ものの，有意ではない．この場合，分散分析表1の平均平方（ms）の大きさを見て，Bと$A \times B$をプールする（**Q34**参照）．すなわち，分散分析表1から1回のプーリングで分散分析表4に進むのがよい．分散分析表4では，因子Aは5%で有意となる．

第 1 章　検定と推定，分散分析

Q6　プーリングはどのようにすればよいのでしょうか．

A6　一般にプーリングの方法は以下のように考えられている．
分散分析を行う際，あるプーリングの基準の下で要因効果があるかどうかを判断し，効果がないと判断した場合，その要因をプーリングの対象と考え，誤差にプールする．そして，新しく分散分析を行い，その結果から再びその基準を満たしているかを調べる．プーリング回数は1回限りというのが原則である（Q5参照）．

プーリングの基準は，検定の立場からは曖昧な点が多く，また，実験者に基準の選択を委ねることが多い．そこで，数理的な厳密性はないが，Q34で述べる図的解法にならって，平方和を大きさの順にプロットして，どこで折れ曲がるかをプーリングの基準とする考え方もある[1]．

Q7　分散分析において，有意でない因子を誤差にプールすると，プール前と検定結果が異なることがありますが，どのように考えるのでしょうか．

A7　厳密にいえば，プーリング前の分散分析表のみが $\alpha = 0.05$ とした検定である．プーリング前の検定における有意水準にもよるが，プーリングによる危険率の増加は僅少であることがわかっているので，実務上のメリットがあるときには，モデルを簡単にしたプーリング後の分散分析表を優先することが多い．こういった観点から，分散分析では，プーリングは1回限りとする（Q5，Q11参照）．

なお，プーリングした因子であっても，真に要因効果がないとは限らず，誤判定している場合があり，プーリングにより何らかの危険を冒している可能

---

[1]　一般的な考えとして，『入門実験計画法』（永田靖，日科技連出版社）のプーリング基準も参考にするとよい．

性が残る．因子の誤差項へのプーリングに際しては，α を 0.25 〜 0.50 とする考えもある[2]．これにより，β の上昇を抑えることができる．というのは，β（第二種の過誤の確率）は最大で $1-\alpha$ の値をとるからである．

Q8　t 検定と Welch の検定の使い分けはどう考えたらよいのでしょうか．

A8
母平均の差の検定において，σ_1^2，σ_2^2 未知で $\sigma_1^2 = \sigma_2^2$ の場合は t 検定を行うことができるが，σ_1^2，σ_2^2 未知で $\sigma_1^2 \neq \sigma_2^2$ の場合には，正確な検定は存在しないことが知られている．この場合の近似的な検定方法として Welch の検定が用いられる．また，その自由度は等価自由度とよばれる．

さて，σ_1^2，σ_2^2 未知のとき，実際には $\sigma_1^2 = \sigma_2^2$ といえるかどうかの判断は困難であることが多く，n_1，n_2 がほぼ等しければ，σ_1^2 と σ_2^2 の違いにはあまり気にせずに，母平均の差の検定に t 検定を用いてもよい．しかし，n_1 と n_2，σ_1^2 と σ_2^2 がかなり異なる場合には，Welch の検定を用いる．

具体的には，n_1，n_2 の比が 2 倍以上の場合，あるいは，V_1，V_2 の比が 2 倍以上の場合であれば，Welch の検定を用いるのが妥当とされる[3]．

Q9　検定方式をまとめた表はないのでしょうか．

A9
図 1.2 を参照されたい．

---

[2] 永田靖,「実験計画法をめぐる諸問題―プーリング，逐次検定―」,『品質』, Vol.8, No.3, pp.196-204 (1988)
[3] 永田靖,『統計的方法のしくみ』, 日科技連出版社 (1996)

第1章 検定と推定，分散分析

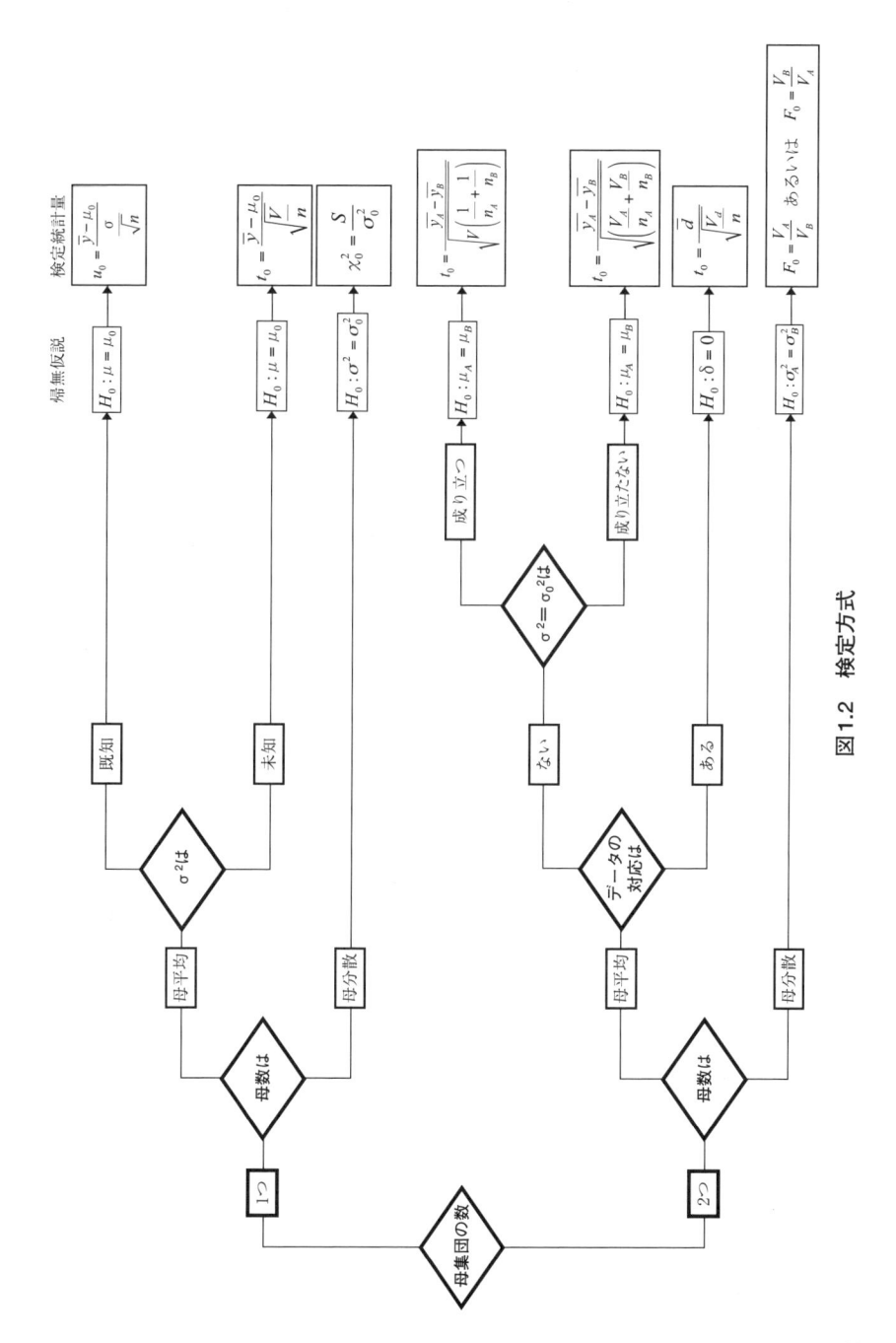

図1.2 検定方式

母集団の数
- 1つ → 母数は
  - 母平均 → σ^2は
    - 既知 → $H_0: \mu = \mu_0$ → $u_0 = \dfrac{\bar{y} - \mu_0}{\dfrac{\sigma}{\sqrt{n}}}$
    - 未知 → $H_0: \mu = \mu_0$ → $t_0 = \dfrac{\bar{y} - \mu_0}{\sqrt{\dfrac{V}{n}}}$
  - 母分散 → $H_0: \sigma^2 = \sigma_0^2$ → $\chi_0^2 = \dfrac{S}{\sigma_0^2}$
- 2つ → 母数は
  - 母平均 → データの対応は
    - ない → $\sigma^2 = \sigma_0^2$は
      - 成り立つ → $H_0: \mu_A = \mu_B$ → $t_0 = \dfrac{\bar{y_A} - \bar{y_B}}{\sqrt{V\left(\dfrac{1}{n_A} + \dfrac{1}{n_B}\right)}}$
      - 成り立たない → $H_0: \mu_A = \mu_B$ → $t_0 = \dfrac{\bar{y_A} - \bar{y_B}}{\sqrt{\dfrac{V_A}{n_A} + \dfrac{V_B}{n_B}}}$
    - ある → $H_0: \delta = 0$ → $t_0 = \dfrac{\bar{d}}{\sqrt{\dfrac{V_d}{n}}}$
  - 母分散 → $H_0: \sigma_A^2 = \sigma_B^2$ → $F_0 = \dfrac{V_A}{V_B}$ あるいは $F_0 = \dfrac{V_B}{V_A}$

帰無仮説　検定統計量

Q10
交互作用を無視したときに，交互作用を無視しない場合の推定式を用いたら間違いでしょうか．また，逆はどうでしょうか．

A10
例として，A(a水準)，B(b水準)，繰返し(r回)の2元配置で説明する．

交互作用を無視するか否かで，下記のように最適条件の考え方が異なる．
- （イ）交互作用を無視しないときは，各水準組合せのなかで一番良い組合せを最適条件とする
- （ロ）交互作用を無視するときは，A，B各因子ごとにそれぞれの最適水準を求め，それを組み合わせて最適条件とする

交互作用を無視しないときに（ロ）を採用することは明らかに誤りである．交互作用を無視したときに（イ）を採用することは誤りとはいえないが，そうしないのは，（ロ）の推定値がすべての可能な推定量のなかで最も分散が小さい**最良推定量**であるからである．言い換えると，（ロ）の推定値のほうが有効反復数の値が大きいということである．以下に交互作用を無視した場合と，無視しない場合の有効反復数の差を検証する．" ' "は（ロ）の場合を示す．

交互作用を無視した場合の区間推定は，$\hat{\mu}(A_i B_j) \pm t(\phi'_e, \alpha)\sqrt{\dfrac{V'_e}{n'_e}}$，交互作用を無視しない場合の区間推定は，$\hat{\mu}(A_i B_j) \pm t(\phi_e, \alpha)\sqrt{\dfrac{V_e}{n_e}}$と表すことができる．それぞれの$n'_e$と$n_e$を比較すると，

$$\frac{1}{n'_e} = \frac{a+b-1}{N}, \quad \frac{1}{n_e} = \frac{1}{r} = \frac{ab}{N} \qquad (N = abr)$$

であり，

$$n'_e - n_e = \frac{N}{a+b-1} - r = \frac{N}{a+b-1} - \frac{N}{ab} = N\left(\frac{1}{a+b-1} - \frac{1}{ab}\right)$$

$$= \frac{N}{ab(a+b-1)}\{ab - (a+b-1)\} = \frac{N(ab-a-b+1)}{ab(a+b-1)}$$

$$= \frac{N(a-1)(b-1)}{ab(a+b-1)} > 0$$

が成り立つ．これより，交互作用を無視した場合のほうが有効反復数の値は大きくなる．信頼区間の幅は多くの場合は狭くなるが，プーリングにより誤差の平均平方の値は大きくなることもある．

Q11 lsd[4]は特定の2水準間だけの比較にしか用いられないのですが，複数の比較の方法はあるのでしょうか．

A11

因子 A が3群（処理）以上で構成される場合，処理効果が有意かどうかを調べる手法として分散分析がある．分散分析の帰無仮説は「各処理の母平均がすべて同じである」であり，「$H_0 : \sigma_A^2 = 0$ （$\mu_1 = \mu_2 = \cdots = \mu_k$）」を検定する（$k$ は処理数を示す）．

この仮説が棄却されると「各処理の母平均が同じではない」と判定する．仮説の意味をもう少し厳密に表現すると，「少なくとも1つの処理母平均が他の処理の母平均と異なる」ことであり，具体的にどの処理間に有意差があるのかはわからない．

実際の実験・調査では，具体的にどの処理間に差があるかを知りたいことも多いので，分散分析で有意差を確認した後は，処理間の差について検討する．これが多重比較法とよばれる手法である．なぜ多重比較法が必要となるのかについては，**Q13**に記してあるので，参考にされたい．

よく利用される多重比較の方法としては，Tukey（テューキー）のwsd法やBonferroni（ボンフェローニ）法などがある（**第1部の2.1.1項参照**）．

Bonferroni法は比較ペアが多い場合に有意差を示しにくいが，手計算でもできるため多用されている．Tukeyのwsd法はBonferroni法よりも検出力が高く，分散分析後，Tukeyのwsd法で多重比較するという組合せで非常によく利用されている．多重比較法にはさまざまな方法があり，どれを利用するのが得策

---

[4] least significant difference（最小有意差）の略称

かというのは画一的にいえないので，分野や利用用途などに応じて一番利用されているものを選ぶとよい．

Q12 多くの処理間について，同時に母平均の差の検定を行うwsd法とは何でしょうか．

A12
wsd(wholly significant difference)法は，母標準偏差が$\sigma/\sqrt{n}$の互いに独立なk個の変量$\overline{Y}_1, \overline{Y}_2, \cdots, \overline{Y}_k$があるとき，各水準間の差が，自由度$\phi$，期待値$\sigma^2$の不偏分散$V$とスチューデント化された範囲$q(k, \phi, \alpha)$[5]を用いた下式のwsd

$$\text{wsd} = q(k, \phi, \alpha)\sqrt{V/n}$$

を越えていれば，その水準間には有意水準αで差があると判定する方法である．wsdの値はlsdの値より大きい(有意となりにくい)．

ちなみに，$k=3$，$\phi=6$，$\alpha=0.05$のとき，$q(3, 6, 0.05)=4.34$である．多重比較の方法の必要性については，**Q11**，**Q13**を参照されたい．

Q13 t検定とダネット検定の違いを教えてください．

A13
t検定は，2つの処理条件について，母平均に有意な差があるかどうかの検定に用いる．一方，ダネット検定(Dunnettの方法)は，1つの対照群と2つ以上の処理群があって，処理群間の比較はせずに，対照群と処理群の母平均だけを比較して検定するときに用いる．あくまで，各処理群は対照群との比較，すなわち，各々の処理群は対照群に比べて効果があったか否かに興味がある(処理群間相互の比較は重要でない)場合に用いる．

---

5) 森口繁一(編),『日科技連数値表(B)』, p.32, 日科技連出版社(1956)

処理群間相互の比較にも意味があるなら，対照群と処理群間のすべての対の比較を行い，Q12のwsd法などを用いる．

さて，比較対象が3群以上存在し，帰無仮説が複数個になると，検定の多重性の問題が生じる．例えば，3群(A, B, C)の母平均を比較するとき，全体としての有意水準を5%で検定したいとする．その母平均が$\mu_A = \mu_B = \mu_C$のとき，μ_Aとμ_B，μ_Aとμ_Cについて有意水準5%の2標本t検定を2回繰り返すとする．$\mu_A = \mu_B$と$\mu_A = \mu_C$の2つの帰無仮説のうちどちらか一方が棄却されると，$\mu_A = \mu_B = \mu_C$という帰無仮説は棄却される．このとき，帰無仮説が棄却される確率は，$1 - (1 - 0.05)^2 = 0.10$程度となり，設定した5%より大きくなっている．

多重比較法では，このようなことが起こらないように，全体としての有意水準を公称の値(あらかじめ宣言した値)にコントロールできるように一回一回の検定における個々の有意水準の値を調整する方法である．両側検定，片側検定のいずれに対しても使用できる．

Q14 片側検定をやってよい場合はどのような場合でしょうか．

A14
「母平均μは$\mu_0 = 105$である」という帰無仮説$H_0 : \mu = \mu_0$を考える．これに対して，実験の目的(実験で確認したいこと)に対応させて「母平均μは105ではない」という対立仮説$H_1 : \mu \neq \mu_0$を立てると，**両側検定**となる．対立仮説は確認したい事柄に応じて，「母平均μは105ではない」という仮説の他に，「母平均は105以上である」と「母平均μは105以下である」に対応させた$H_1 : \mu > \mu_0$と，$H_1 : \mu < \mu_0$がある(いずれも**片側検定**という)．この3つのうち，通常は両側検定を用い，片側検定を用いるのは，もう一方の側が理論的に起こらない場合や，もう一方の側のことを検出し損ねても損失のない場合に限られる．

例えば，従来の収量の平均が105kgである製造工程の操業条件を，工程解析の結果にもとづいて，収量が増加すると予測される方向へ変更したとする．新しい工程の収量の母分散が従来と変わらないという仮定のもとで，$H_0 : \mu =$

105kgに対して，

① H_1：$\mu \neq 105\text{kg}$（両側検定）
② H_1：$\mu > 105\text{kg}$（右片側検定）
③ H_1：$\mu < 105\text{kg}$（左片側検定）

が考えられる．

　この場合，新しい工程の収量の母平均に関して，「$\mu < 105\text{kg}$ということはありえない」ということが絶対的な確信をもって言い切れるならば，採用すべき検定は②の検定方式となる．

　しかし，収量の母平均が減少することもないとは言い切れない場合がある．このようなときには②の検定方式によって検定を行うと，そのことを検出することはできない．したがって，たとえ，収量が増すことが技術的に予想される場合であっても，実情が予測に反した場合にそれを検出し損ねることが大きな損失をもたらすのであれば，②の検出方式を採用するのは問題であるということになる．

　すなわち，片側仮説を設定することが妥当であるか否かは，あくまで**検出する必要があるかないか**によって定まり，技術的予測の有無によって定まるのではない．収量が増加するのは当然なので，もし予想に反して収量が減少しているならば，そのことだけはどうしても検出しなければならないと考えるのなら，採用すべき検定方式は③となり，対立仮説は技術的予測とは逆の側に設定されることもある[6]．

Q15

H_0が棄却されたときは，積極的に「H_1である」というのに対し，棄却されないときは「H_1とはいえない」というのはなぜでしょうか．

A15

H_0：$\mu = \mu_0$が正しいのに，これを棄却してH_1：$\mu \neq \mu_0$が正しいとしてしまう第一種の過誤αは5％という小さい値

---

[6] 詳細は，『統計的方法百問百答』（近藤良夫，安藤貞一（編），日科技連出版社）を参考にされたい．

第1章　検定と推定，分散分析

に抑えられている．つまり，H_0が棄却されたとき，この判断が誤りである確率は最大5%であることが保証されている．これに対し，H_1が正しいのに，H_0を棄却せず，H_1が正しいとしない第二種の過誤βは，必ずしも小さい値になっているわけではない．したがって，「H_1とはいえない」のような消極的な表現を用いる．この辺りの様子を図で説明する．

図1.3では2つの分布が離れているため，βは小さい（検出力は高い）が，図1.4では，2つの分布が近いため，βは大きい（検出力が低い）．

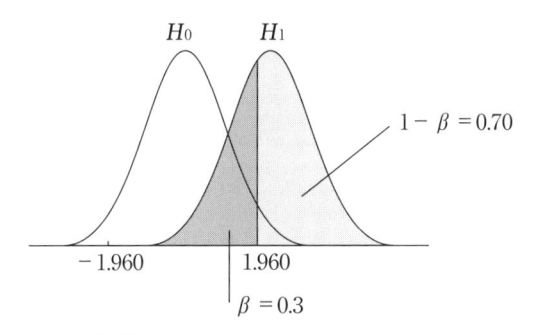

図1.3　2つの母集団の分布が離れている例（βは例えば0.3と小さい）

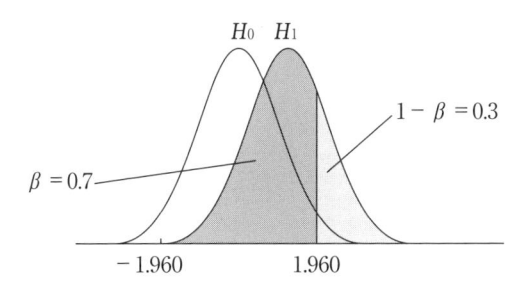

図1.4　2つの母集団の分布が近い例（βは例えば0.7と大きい）

検定における2種類の誤りと検出力については，Q1の表1.1を参照されたい．

Q16 帰無仮説は$H_0: \mu = \mu_0$としていますが，なぜ$H_0: \mu \leq \mu_0$や$H_0: \mu \geq \mu_0$としないのでしょうか．

A16
仮説検定においては，H_0が正しいとして，そのもとでの出現確率をもとに判定するため，H_0における分布を確定することが必要である．したがって，等号$H_0: \mu = \mu_0$が望ましい．もし，不等号（$H_0: \mu \leq \mu_0$や$H_0: \mu \geq \mu_0$など）を用いると，分布が確定していないので棄却限界を示す線の位置が定まらない．したがって，帰無仮説に不等号は用いない．

仮に，対立仮説が$H_0: \mu \leq \mu_0$，$H_1: \mu > \mu_0$と設定したとすると，H_0のとき，μの値はμ_0より等しいか小さいが，どの程度小さいのかは不明で，H_0のときの分布の位置が定まらない．

Q17 検出力曲線とOC曲線との違いは何でしょうか．

A17
検出力曲線は，横軸に母数，例えばμやμの関数$\left(\dfrac{\mu_1 - \mu_2}{\sqrt{2/n}\sigma}\right)$などをとり，縦軸に検出力$1-\beta$をプロットしたときに得られる曲線のことをいい，採用した検定方式がどの程度H_1を検出できているかを知るために用いる．

これに対し，横軸に不良率θをとり，縦軸に不良率θのロットが合格する確率をプロットしたときに得られる曲線をOC曲線（Operating Characteristic curve：検査特性曲線）という．OC曲線は，特定の抜取り検査方式（nとcの組合せ）について，ロットの合格する様子を示したものであり，採用している抜き取り検査方式において，ある母不良率のロットがどの程度の確率で合格してしまうかを判断するために用いられる．抜取り検査方式の性能を表す重要なグラフである．OC曲線における不良率θのロットが合格する確率は，βと表現

第1章　検定と推定，分散分析

できるが，このように用いる場面が異なっている．

Q18　母平均の推定において田口の式や伊奈の式を用いるのはなぜでしょうか．

A18　処理母平均$\hat{\mu}$を求めるとき，得られたデータ，すなわち，大きさnの独立に得られた観測値$y_1, y_2, \cdots, y_n$の線形式$\hat{\mu} = c_1 y_1 + c_2 y_2 + \cdots + c_n y_n$から求める[7]（Q36参照）．$c_i$は各観測値にかかる係数である．

さて，この$\hat{\mu}$の分散は，分散の加法性により$\mathrm{Var}(\hat{\mu}) = (c_1^2 + c_2^2 + \cdots + c_n^2)\sigma^2$で与えられるが，推定にもちいるデータ数が多い場合，係数$c_i (i = 1, 2, \cdots, n)$を求め，$c_1^2 + c_2^2 + \cdots + c_n^2$の値を求めるのが少々煩雑である．

したがって，このような線形式の分散にかかる係数として有効反復数n_eを求めて，$\dfrac{1}{n_e}$の形で一般化したのが伊奈の式である．

一方，σ^2の係数が無視しなかった要因の自由度の関数として表されることに注目したのが田口の式である．結果的に，両者は一致する（Q19，Q20，Q21参照）．

Q19　母平均の推定で有効反復数を求めるとき，伊奈の式を使用しますが，この式を，繰返しのある2元配置実験で交互作用が無視できる場合について導いてください．

A19　因子A（a水準），因子B（b水準），繰返し（n回）とする．推定におけるデータの構造は，$\hat{\mu}(A_i B_j) = \overline{y}_{i\cdot\cdot} + \overline{y}_{\cdot j\cdot} - \overline{\overline{y}}$であるから以下のようになる．

---

[7] Q65に記す直交対比にもとづいて一般的に書くと，$L = \sum c_i \overline{y}_{i\cdot} = c_1 \overline{y}_{1\cdot} + c_2 \overline{y}_{2\cdot} + \cdots + c_n \overline{y}_{n\cdot}$となる．

$$\begin{aligned}
Var[\hat{\mu}(A_iB_j)] &= Var[\overline{y}_{i..} + \overline{y}_{.j.} - \overline{\overline{y}}] = Var[\overline{e}_{i..} + \overline{e}_{.j.} - \overline{\overline{e}}] \\
&= Var\left[\frac{1}{b}\sum_{k=1}^{b}\overline{e}_{ik.} + \frac{1}{a}\sum_{l=1}^{a}\overline{e}_{lj.} - \frac{1}{ab}\sum_{l=1}^{a}\sum_{k=1}^{b}\overline{e}_{lk.}\right] \\
&= Var\left[\left(\frac{1}{b} - \frac{1}{ab}\right)\sum_{k \neq j}\overline{e}_{ik.} + \left(\frac{1}{a} - \frac{1}{ab}\right)\sum_{l \neq i}\overline{e}_{lj.}\right. \\
&\qquad \left. - \frac{1}{ab}\sum_{l \neq i}\sum_{k \neq j}\overline{e}_{lk.} + \left(\frac{1}{b} + \frac{1}{a} - \frac{1}{ab}\right)\overline{e}_{ij.}\right] \\
&= \left\{\left(\frac{1}{b} - \frac{1}{ab}\right)^2(b-1) + \left(\frac{1}{a} - \frac{1}{ab}\right)^2(a-1)\right. \\
&\qquad \left. + \left(\frac{1}{ab}\right)^2(a-1)(b-1) + \left(\frac{1}{ab}\right)^2(a+b-1)^2\right\}\frac{\sigma^2}{n} \\
&= \frac{1}{a^2b^2n}\left\{(a-1)^2(b-1) + (b-1)^2(a-1)\right. \\
&\qquad \left. + (a-1)(b-1) + (a+b-1)^2\right\}\sigma^2 \\
&= \frac{(a-1)(b-1)\{(a-1)+(b-1)+1\} + (a+b-1)^2}{a^2b^2n}\sigma^2 \\
&= \frac{(a-1)(b-1)(a+b-1) + (a+b-1)^2}{a^2b^2n}\sigma^2 \\
&= \frac{(a+b-1)\{(a-1)(b-1) + (a+b-1)\}}{a^2b^2n}\sigma^2 \\
&= \frac{(a+b-1)}{abn}\sigma^2 = \left(\frac{1}{bn} + \frac{1}{an} - \frac{1}{abn}\right)\sigma^2
\end{aligned}$$

第1章　検定と推定，分散分析

Q20
有効反復数 n_e の意味を教えてください．

A20
大きさ n の観測値 $y_1, y_2, \cdots, y_n$ が繰返しデータとして得られ，これらから母平均を推定すると，その分散は $\dfrac{\sigma^2}{n}$ となる．しかし，一般の要因配置実験や直交表実験などでは異なる条件で得たデータを同時に用いて母平均を推定するので，$\dfrac{\sigma^2}{n}$ のような簡単な形では表せず，伊奈の式や田口の式を用いて有効反復数 n_e を求める．区間推定のとき，n_e は，$\dfrac{1}{n_e}$ の形で標準誤差 $\left(\sqrt{\dfrac{V_e}{n_e}} \text{や} \sqrt{\dfrac{V_e'}{n_e'}}\right)$ の計算に用いる．n_e は繰返し数に換算したとすると，どれくらいの繰返しに相当するのかという値と考えるとよい．

Q21
母平均の差の区間推定における $\dfrac{1}{n_e}$ はどのように考えたらよいのでしょうか．

A21
点推定値で，母平均の区間推定を求める際，田口や伊奈の公式を用いた有効反復数の逆数 $\dfrac{1}{n_e}$ が用いられる．母平均の差の区間推定を求める際，母平均の場合と異なり，単純ではない．主効果，交互作用が共通か否か，水準が同じか異なるかなどで状況が異なる．すなわち，点推定は単純な加減算でよいが，区間推定は少々厄介である．これは，共通項が含まれるか否かで推定式に含まれる誤差が変わってくるからである．

繰返しのある2元配置で交互作用を無視する場合の処理母平均の差の推定式を，$i \neq i'$，$j \neq j'$，の場合について以下に例示する．

$$\hat{\mu}(A_i B_j) = \hat{\mu} + \hat{\alpha}_i + \hat{\beta}_j = \bar{y}_{i..} + \bar{y}_{.j.} - \bar{\bar{y}}$$
$$= (\mu + \alpha_i + \bar{e}_{i..}) + (\mu + \beta_j + \bar{e}_{.j.}) - (\mu + \bar{\bar{e}})$$

$$\begin{aligned}
&= (\mu + \alpha_i + \beta_j) + (\bar{e}_{i\cdot\cdot} + \bar{e}_{\cdot j\cdot} - \bar{\bar{e}}) \\
\hat{\mu}(A_{i'}B_{j'}) &= (\mu + \alpha_{i'} + \beta_{j'}) + (\bar{e}_{i'\cdot\cdot} + \bar{e}_{\cdot j'\cdot} - \bar{\bar{e}})
\end{aligned}$$

$$\begin{aligned}
&Var[\hat{\mu}(A_iB_j) - \hat{\mu}(A_{i'}B_{j'})] \\
&\quad = Var[(\bar{e}_{i\cdot\cdot} + \bar{e}_{\cdot j\cdot} - \bar{\bar{e}}) - (\bar{e}_{i'\cdot\cdot} + \bar{e}_{\cdot j'\cdot} - \bar{\bar{e}})] \\
&\quad = Var[(\bar{e}_{i\cdot\cdot} - \bar{e}_{i'\cdot\cdot}) + (\bar{e}_{\cdot j\cdot} - \bar{e}_{\cdot j'\cdot})] \\
&\quad = Var\Bigg[\frac{1}{b}\bigg\{\sum_{k \neq j, j'}(\bar{e}_{ik\cdot} - \bar{e}_{i'k\cdot}) + (\bar{e}_{ij\cdot} - \bar{e}_{i'j\cdot}) + (\bar{e}_{ij'\cdot} - \bar{e}_{i'j'\cdot})\bigg\} \\
&\qquad\quad + \frac{1}{a}\bigg\{\sum_{l \neq i, i'}(\bar{e}_{lj\cdot} - \bar{e}_{lj'\cdot}) + (\bar{e}_{ij\cdot} - \bar{e}_{ij'\cdot}) + (\bar{e}_{i'j\cdot} - \bar{e}_{i'j'\cdot})\bigg\}\Bigg] \\
&\quad = Var\Bigg[\frac{1}{b}\sum_{k \neq j, j'}(\bar{e}_{ik\cdot} - \bar{e}_{i'k\cdot}) + \frac{1}{a}\sum_{l \neq i, i'}(\bar{e}_{lj\cdot} - \bar{e}_{lj'\cdot}) \\
&\qquad\quad + \left(\frac{1}{b} + \frac{1}{a}\right)(\bar{e}_{ij\cdot} - \bar{e}_{i'j'\cdot}) + \left(\frac{1}{b} - \frac{1}{a}\right)(\bar{e}_{ij'\cdot} - \bar{e}_{i'j\cdot})\Bigg] \\
&\quad = \left[\frac{1}{b^2}\left(\frac{2}{n}\right)(b-2) + \frac{1}{a^2}\left(\frac{2}{n}\right)(a-2) + \left(\frac{a+b}{ab}\right)^2\left(\frac{2}{n}\right) + \left(\frac{a-b}{ab}\right)^2\left(\frac{2}{n}\right)\right]\sigma^2 \\
&\quad = \frac{2}{a^2b^2n}\left[a^2(b-2) + b^2(a-2) + (a+b)^2 + (a-b)^2\right]\sigma^2 \\
&\quad = \frac{2}{a^2b^2n}(a^2b + ab^2)\sigma^2 = \frac{2ab(a+b)}{a^2b^2n}\sigma^2 \\
&\quad = \frac{2(a+b)}{abn}\sigma^2 = \left(\frac{2}{bn} + \frac{2}{an}\right)\sigma^2
\end{aligned}$$

Q22
最適条件は2元表から求めると他書には書いてありますが,正しいのでしょうか.

A22
次の例を用いて説明する.

【例】 $A,\ B,\ C,\ D,\ F,\ G,\ H,\ K$(各2水準)の主効果と,$A \times C$,$A \times G$,$G \times H$の交互作用を取り上げ,実験した.必要な自由度の合計は11であり,表1.3のようにL_{16}に割り付けた.データの数値は大きいほうがよい.

分散分析表を表1.4に示す.

表1.3 割付けと実験データ

列番	(1)	(2)	(3)	(4)	(5)	(6)	(7)	(8)	(9)	(10)	(11)	(12)	(13)	(14)	(15)	y_i	$y_i - \bar{y}$
要因	A	G	$A \times G$	H	F	$G \times H$	D	B				C	$A \times C$		K		
1	1	1	1	1	1	1	1	1	1	1	1	1	1	1	1	95	20
2	1	1	1	1	1	1	1	2	2	2	2	2	2	2	2	57	−18
3	1	1	1	2	2	2	2	1	1	1	1	2	2	2	2	76	1
4	1	1	1	2	2	2	2	2	2	2	2	1	1	1	1	98	23
5	1	2	2	1	1	2	2	1	1	2	2	1	1	2	2	65	−10
6	1	2	2	1	1	2	2	2	2	1	1	2	2	1	1	21	−54
7	1	2	2	2	2	1	1	1	1	2	2	2	2	1	1	51	−24
8	1	2	2	2	2	1	1	2	2	1	1	1	1	2	2	72	−3
9	2	1	2	1	2	1	2	1	2	1	2	1	2	1	2	77	2
10	2	1	2	1	2	1	2	2	1	2	1	2	1	2	1	92	17
11	2	1	2	2	1	2	1	1	2	1	2	2	1	2	1	85	10
12	2	1	2	2	1	2	1	2	1	2	1	1	2	1	2	64	−11
13	2	2	1	1	2	2	1	1	2	2	1	1	2	2	1	97	22
14	2	2	1	1	2	2	1	2	1	1	2	2	1	1	2	91	16
15	2	2	1	2	1	1	2	1	2	2	1	2	1	1	2	79	4
16	2	2	1	2	1	1	2	2	1	1	2	1	2	2	1	80	5
基本表示	a	b	ab	c	ac	bc	abc	d	ad	bd	abd	cd	acd	bcd	$abcd$		

表 1.4　分散分析表

sv	ss	df	ms	F_0	E(ms)	F_0
A	1056.25	1	1056.25	21.2**	$\sigma^2 + 8\sigma_A^2$	19.4**
B	156.25	1	156.25	3.14	$\sigma^2 + 8\sigma_B^2$	
C	576	1	576	11.6*	$\sigma^2 + 8\sigma_C^2$	10.6**
D	36	1	36	0.72	$\sigma^2 + 8\sigma_D^2$	
F	729	1	729	14.63*	$\sigma^2 + 8\sigma_F^2$	13.4**
G	484	1	484	9.72*	$\sigma^2 + 8\sigma_G^2$	8.89*
H	6.25	1	6.25	0.13	$\sigma^2 + 8\sigma_H^2$	
K	90.25	1	90.25	1.81	$\sigma^2 + 8\sigma_K^2$	
$A \times C$	1482.25	1	1482.25	29.8**	$\sigma^2 + 4\sigma_{A \times C}^2$	27.2**
$A \times G$	1332.25	1	1332.25	26.7**	$\sigma^2 + 4\sigma_{A \times G}^2$	24.5**
$G \times H$	2.25	1	2.25	0.05	$\sigma^2 + 4\sigma_{G \times H}^2$	
e	199.25	4	49.81		σ^2	
e	490.25	9	54.47		σ^2	
計	6150					

注）分散分析表は，プール前のものとプール後のもの（アミカケ部分）をあわせて上のように表示している．

G が有意，A, C, F, $A \times C$, $A \times G$ が高度に有意となった．

F の最適水準は F_2 で，$A \times C$ と $A \times G$ の交互作用を無視しないので，A, C, G の最適水準組合せは，$2^3 = 8$ 通りのすべての水準組合せにおける母平均を推定して，$A_1C_1G_1$ となる．よって，最適条件は $A_1C_1F_2G_1$ となる．

$$\hat{\mu}(A_iC_jG_k) = \hat{\mu} + \hat{a}_i + \hat{c}_j + \hat{g}_k + (\widehat{ac})_{ij} + (\widehat{ag})_{ik}$$
$$= \{\hat{\mu} + \hat{a}_i + \hat{c}_j + (\widehat{ac})_{ij}\} + \{\hat{\mu} + \hat{a}_i + \hat{g}_k + (\widehat{ag})_{ik}\} - (\hat{\mu} + \hat{a}_i)$$

$$\hat{\mu}(A_1C_1G_1) = \frac{330}{4} + \frac{326}{4} - \frac{535}{8} = 97.125, \quad \hat{\mu}(A_2C_1G_1) = 75.875$$

$\hat{\mu}(A_1C_1G_2) = 67.875$, $\hat{\mu}(A_2C_1G_2) = 83.125$, $\hat{\mu}(A_1C_2G_1) = 65.875$

$\hat{\mu}(A_2C_2G_1) = 83.125$, $\hat{\mu}(A_1C_2G_2) = 36.625$, $\hat{\mu}(A_2C_2G_2) = 90.375$

通常，このような計算は，表 1.5，表 1.6 の 2 元表を作成して行う．ただし，これら 2 元表から最適条件について考えて見ると，A_2C_2，A_2G_2 がそれぞれ最適水準組合せとなっている．したがって，$A_2C_2G_2$ を最適条件と考えてしまいそうだが，この結果は，先ほどの結果と一致しない．多くの場合，2 元表を用いても正しい結果が得られるが，交互作用が大きいときなどは，このように正しく最適条件が求められないこともあるので注意が必要である．

表1.5 AC 2元表

$n=4$	C_1	C_2	計
A_1	330	205	535
A_2	318	○347	665
計	648	552	1200

表1.6 AG 2元表

$n=4$	G_1	G_2	計
A_1	326	209	535
A_2	318	○347	665
計	644	556	1200

ただ，パソコン等で手軽に解析ソフトが利用できるようになった現在，すべての水準組合せで母平均を推定して最適条件を求めるのが実務的となった．

第2章　要因配置実験

Q23 要因配置実験で，各水準組合せでの繰返し数は揃えるべきなのでしょうか．

A23 要因配置実験では，各水準組合せでの繰返し数を揃える．繰返し数が異なると，1元配置を除いて直交性が損なわれるため，通常行われているような検定・推定の手順が使えず，線形推定・検定論の助けを必要とする（**Q56**参照）．

本来，要因配置実験では，交互作用の検出や実験誤差把握のために繰返しや反復をとることが多い．一方，実務においては実験のコストや効率を考える必要もあり，必ずしもすべての水準組合せで複数回実験せず，交互作用の検出や実験誤差を把握できることを条件に，最適条件や重要な組合せ条件を中心に必要数繰り返すこともある．

ただし，このような非直交計画の場合，誤差分散の自由度が小さくなることなどから，誤差分散の見積もりや各因子の検出力に影響が出ることも考えられる．よって，それらに注意をしながら，実験を計画し，解析する必要がある．直交性を多少犠牲にしても実験効率そのものを向上させるための計画としての研究[1]や，実務的な対応として最適条件を求める実験計画の研究[2,3]などを参

---

1) 芳賀敏郎，『SAS/QCによる実験の計画 非直交計画の紹介』，日本SASユーザー会論文集（1992）
2) 詳細は，『実験計画法における非直交反復実験の解析（第1報）』（平野智也ら，日本品質管理学会）を参照すること．データは日科技連出版社HP（http://www.juse-p.co.jp/）よりダウンロードできる．
3) 詳細は，『実験計画法における非直交反復実験の解析（第2報）』（平野智也ら，日本品質管理学会）を参照すること．データは日科技連出版社HP（http://www.juse-p.co.jp/）よりダウンロードできる．

第2章 要因配置実験

考にするとよい（Q40，Q54，Q63参照）．

Q24 2元配置において，繰返し実験と反復実験とでは，どちらが有効でしょうか．

A24 要因配置実験では，交互作用の検出や実験誤差の把握のために繰返しや反復を行うことが多い．単なる繰返し実験では検出できない反復間誤差の検出が可能であることから，反復実験を行うほうがより有効である．また，通常の反復実験の場合，同じ水準組合せで反復実施されるが，反復実験の応用として，第1反復の実験の結果を第2反復の実験計画に反映させることもできる．したがって，第2反復では，同一条件で反復するのではなく，最適値のある方向，あるいは，重要と考える水準組合せなど，好ましい実験配置へと改変できる．

この応用例について，以下に説明する．

2元配置（A，B各3水準）で例示すると，通常の反復実験は，図2.1に示すように同じ水準組合せで反復が行われる．

しかしながら，第1部の図1.7.3のように第1反復の実験が終了した時点で，仮にA_3B_3の方向に最適条件があるようであれば，第2反復では，異なる実験配置，例えば図2.2の●の水準組合せのように実験条件をシフトしたいと考えるのが自然である．このようにしても，4つの実験条件（$A_2B_2 \sim A_3B_3$）では複数のデータがあるので，反復実験の目的には適うものとなっている．

	B_1	B_2	B_3
A_1	○●	○●	○●
A_2	○●	○●	○●
A_3	○●	○●	○●

図2.1 通常の反復実験（図1.7.2再掲）
（○：第1反復，●第2反復）

	B_1	B_2	B_3	B_4
A_1	○	○	○	
A_2	○	○●	○●	●
A_3	○	○●	○●	●
A_4		●	●	●

図2.2 配置の改変（図1.7.4再掲）

ただし，ここで扱う実験計画は一般に非直交計画となるので，通常の分散分析では解析ができない．そこで，非直交計画でも分散分析ができる線形推定・検定論にもとづく解析用ソフトを用意しておくと便利である[4]．

Q25 単因子逐次実験と要因配置実験のメリット，デメリットを教えてください．

A25
単因子逐次実験では，AとBの2つの因子がある場合，まずBならBの標準の水準を指定し，それを固定したまま，Aの水準を順次変更して実験し，Aの暫定最良水準を求める．次に，Aの水準をその暫定最良水準に固定してBにおける標準の水準以外の水準を順次実験し，Bの暫定最良水準を求め，このA，Bにおける各暫定最良水準の組合せを最良水準組合せとする．

単因子逐次実験は完全無作為化ができないので，実験の順序による偏りが出るかもしれない．また，すべての水準の組合せを実験しないため，**交互作用**（Q28，Q29参照）が存在すれば最適水準が正しく求められたという保証がない．交互作用がないなら結果は信頼でき，かつ，効率的と思えるが，直交表と比較すると，そうとはいえない（第1部の1.4節参照）．データに繰返しがないので誤差の定量化にも不安がある．

化学製品の収量を向上させるため，触媒の把握や添加量（因子A）と反応温度（因子B）の2因子（各3水準）を取り上げて全9実験を行う場合を例にとり，単因子逐次実験と要因配置実験（実験計画法）を比較する．

① 単因子逐次実験では，まず，反応温度を標準の水準B_3に固定して，触媒の添加量を$A_1 \sim A_5$に変化させる．この結果，A_4水準がよかったとする．次に，AをA_4水準に固定して，反応温度を$B_1 \sim B_5$（B_3水準を除く）に変化させて実験する．B_4水準がよかったとすると，最良条件を$A_4 B_4$とする（表2.1）．

---

[4] 『実務に使える 実験計画法』（松本哲夫ら，日科技連出版社）を参照されたい．日科技連出版社HP（http://www.juse-p.co.jp/）から自由にダウンロードできる．

第2章　要因配置実験

表2.1　単因子逐次実験の実験条件

	1	2	3	4	5	6	7	8	9
反応温度(因子B)	3	3	3	3	3	1	2	4	5
触媒の添加量(因子A)	1	2	3	4	5	4	4	4	4

② 実験計画法における要因配置実験による実験条件を表2.2に示す．

表2.2　要因配置実験の実験条件

	1	2	3	4	5	6	7	8	9
反応温度(因子B)	1	3	5	1	3	5	1	3	5
触媒の添加量(因子A)	1	1	1	3	3	3	5	5	5

この2つの実験配置において，実験点はどのようになっているかを図示すると，それぞれ，**図2.3**，**図2.4**となる．実験回数は同じ9回であるが，**図2.3**より**図2.4**のほうが広範囲，かつ，均整のとれた実験点を構成している．

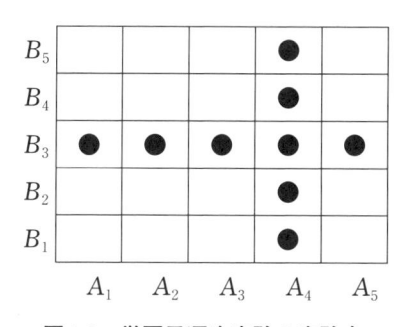

図2.3　単因子逐次実験の実験点　　図2.4　要因配置実験(実験計画法)の実験点

さて，応答yは，2因子の2次曲線で表される場合を考える(**Q77**参照)．2因子をそれぞれ横軸，縦軸にとり，応答yを等高線で図示した場合，交互作用がない場合は楕円の長軸，短軸は横軸，縦軸と平行になっている．交互作用がある場合は，**図2.5**，**図2.6**に示すように楕円は傾いている状況であり，楕円の長軸，短軸は横軸，縦軸と平行にならない．

図2.5では単因子逐次実験を，**図2.6**では実験計画法にもとづく要因配置実験

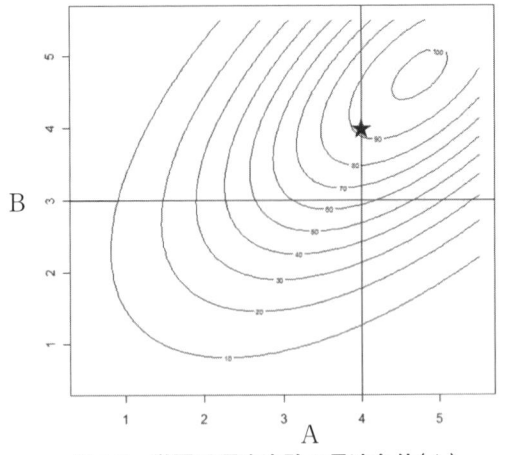

図2.5　単因子逐次実験の最適条件(★)

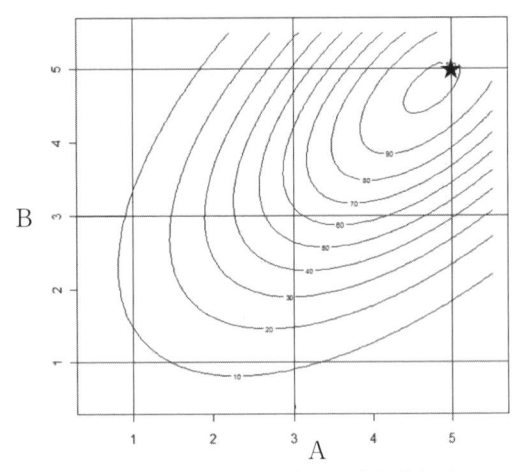

図2.6　要因配置実験の最適条件(★)

を行った例について示す．図2.6であれば応答局面を想定することにより，山の頂上である最適条件を推定することもできる．一方，単因子逐次実験では，最初に決めた標準の水準B_3が最適水準でないと最適条件に到達できないことがわかる(図2.5)．

このように同じ実験回数でも，実験計画法の考えを用いることにより，最適値に近い条件を見出すことができる．

第2章　要因配置実験

Q26
実験はなぜランダムにしなければならないのでしょうか．

A26
実験誤差e_{ij}は，$e_{ij} \sim N(0, \sigma^2)$に従う．ここで，誤差には，独立性，不偏性，等分散性，正規性の4つの仮定をおいている．4つの仮定のうち，実験を行ううえで，**最も大切なのは独立性の仮定であり，これを保証する唯一の手段は実験をランダムな順序で行うことである**．

仮に，実験順序や時間に伴う系統的な誤差(系統誤差)が存在したとしても，それらを個々のデータに確率的に(ランダムに)振り分けて偶然誤差に組み入れることができる．すなわち，データの背後に確率分布を想定できるのである．なお，ランダム化は，乱数表を利用するなど，適正な方法で行われることが大切である．

ちなみに，2番目に大切な不偏性とは誤差の期待値がゼロであることである．例えば，測定機器のキャリブレーションが正しくなければこの仮定は崩れ，個々のデータに共通の影響を与える．等分散性と正規性には，その仮定が崩れたとしても検定結果が大きな影響を受けないロバストネス(robustness：頑健性)が知られている(**Q27**参照)．

Q27
ランダムな順序で実験するために「乱数表をひけ」といわれますが，自分の頭でランダムと考えてやったらだめなのでしょうか．

A27
自分の頭で考えないのが無作為である．数理統計学では，分布(確率密度関数)や推測のための式を導出するとき，誤差の独立性の前提をおくことは不可欠である．恣意的な考えをもって実験すると，結果が偏る原因となりかねない．系統誤差が要因効果へ交絡するのを防ぎ，これを偶然誤差に転化することで誤差の独立性を保証するのが，統計的推

測の大前提となるランダマイズの役割である．要因効果への影響を確率化するためには乱数表の使用が確実である（**Q26**参照）．

Q28 交互作用とはグラフが平行にならない場合と考えてよいのでしょうか．

A28 2因子間に交互作用があるということは，因子Aの水準によって因子Bの効果が異なる（逆に，因子Bの水準によって因子Aの効果が異なる）と理解するとわかりやすい．グラフを描けば，Aの水準ごとにみたBの効果は平行にならない（逆も同じ）ということになる．ただし，必ずしも，交差している必要はない（**Q29**参照）．

Q29 交互作用をわかりやすく説明してください．

A29 データに影響を与える因子としてA, Bがある場合，A_iB_j条件での処理効果は，因子A, Bによる主効果α_i, β_jだけでは説明できない効果$(\alpha\beta)_{ij}$ ($i=1, 2, \cdots, a; j=1, 2, \cdots, b$)を含んでいる．これを交互作用効果という．簡単な例として，A, B 2因子（各2水準，$a=b=2$）の繰返しのない2元配置実験を考えると，結果は**表2.3**の2元表にまとめることができる．

表2.3　AB 2元表（$a=2$, $b=2$, $N=ab=4$）　　　$\bar{\bar{y}} = \dfrac{T}{N} = \dfrac{16}{4} = 4$

A \ B	B_1	B_2	$T_{i\cdot}$	$\bar{y}_{i\cdot} - \bar{\bar{y}}$
A_1	3	7	10	1
A_2	2	4	6	-1
$T_{\cdot j}$	5	11	$T=16$	
$\bar{y}_{\cdot j} - \bar{\bar{y}}$	-1.5	1.5		$T_1 = 7$
	$y_{11} = 3$	$y_{12} = 7$	$y_{11} - \bar{\bar{y}} = -1$	$y_{12} - \bar{\bar{y}} = 3$
	$y_{21} = 2$	$y_{22} = 4$	$y_{21} - \bar{\bar{y}} = -2$	$y_{22} - \bar{\bar{y}} = 0$

$T_2 = 9$

第2章 要因配置実験

■平方和の求め方

2水準の直交表実験においては，(1)式のように各列の平方和を求める．

$$\left.\begin{array}{l} S_x = \dfrac{d_x^2}{N} = \dfrac{[T_{(x)1} - T_{(x)2}]^2}{N} \quad (\phi_x = 1) \\[2mm] d_x = T_{(x)1} - T_{(x)2} \\[2mm] x：因子名 \quad S_x：因子xの平方和 \quad N：全データ数 \\[2mm] T_{(x)1}：xの第1水準のデータの和 \\[2mm] T_{(x)2}：xの第2水準のデータの和 \end{array}\right\} \quad (1)$$

因子Aの平方和は(2)式で求められ，最後の式をみればAの主効果は，「B_1におけるAの効果とB_2におけるAの平均的効果」であるということが明確になっている．

$$\begin{aligned} S_A &= \frac{d_A^2}{N} = \frac{\{(y_{11}+y_{12})-(y_{21}+y_{22})\}^2}{4} = \frac{\{(3+7)-(2+4)\}^2}{4} = 4 \\ &= \frac{\{(y_{11}-y_{21})+(y_{12}-y_{22})\}^2}{4} \\ &= \left\{\frac{(B_1水準における Aの効果 + B_2水準におけるAの効果)}{2}\right\}^2 \end{aligned} \quad (2)$$

この考え方を$S_{A\times B}$の計算式へ拡張する．表2.3で右下がりの方向の対角要素(3と4)，左下がりの方向の対角要素(7と2)をそれぞれ$A\times B$の第1，第2水準と決めれば，(1)式がそのまま適用できる．交互作用効果を$d_{A\times B}$で表すと，2水準系の要因配置実験や直交表実験では主効果と同様，1つの2水準の因子とみなせる．すなわち，(3)式となる．

$$d_{A\times B} = T_1 - T_2 = (y_{11}+y_{22}) - (y_{12}+y_{21}) = (y_{11}-y_{21}) - (y_{12}-y_{22}) \quad (3)$$

したがって，(4)式が得られ，この式をみれば，$A\times B$の交互作用効果の意味，すなわち，B_1におけるAの効果とB_2におけるAの効果の平均的な違い，ということが理解できる．

$$\begin{aligned} S_{A\times B} &= \left\{\frac{(B_1水準におけるAの効果 - B_2水準におけるAの効果)}{2}\right\}^2 \\ &= \frac{\{(y_{11}-y_{21})-(y_{12}-y_{22})\}^2}{4} \end{aligned}$$

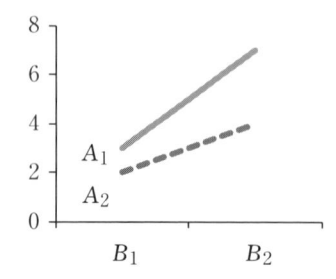

ⓐ $y_{ij} = \mu + \alpha_i + \beta_j + (\alpha\beta)_{ij}$ の図示

	B_1	B_2
A_1	3	7
A_2	2	4

ⓑ $y_{ij} - \alpha_i = \mu + \beta_j + (\alpha\beta)_{ij}$ の図示

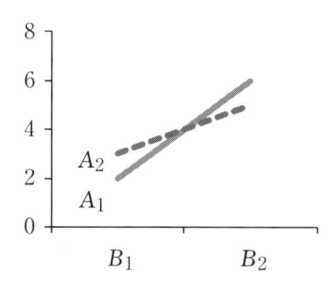

	B_1	B_2
A_1	$3-1=2$	$7-1=6$
A_2	$2-(-1)=3$	$4-(-1)=5$

ⓒ $y_{ij} - \alpha_i - \beta_j = \mu + (\alpha\beta)_{ij}$ の図示

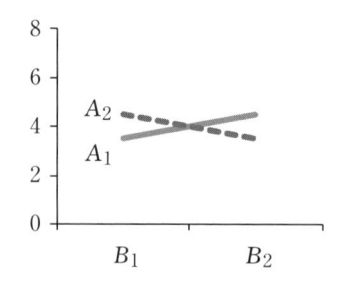

	B_1	B_2
A_1	$3-1-(-1.5)=3.5$	$7-1-1.5=4.5$
A_2	$2-(-1)-(-1.5)=4.5$	$4-(-1)-1.5=3.5$

図 2.7 要因効果の図示

$$= \frac{\{(y_{11}+y_{22})-(y_{12}+y_{21})\}^2}{4} = \frac{d_{A \times B}^2}{N} = \frac{\{(3+4)-(7+2)\}^2}{4}$$

$$= 1 \qquad (4)$$

なお，表2.3のデータから交互作用を図示してみよう．図2.7ⓐは個々のデータを図示したもので，そこからα_i，β_jの効果を順次取り除いたものがそれぞれⓑとⓒである．ⓒは$y_{ij} - \alpha_i - \beta_j = \mu + (\alpha\beta)_{ij}$，すなわち，全体平均($=4$)と交互作用効果だけが図示されている．全体平均$\mu = 4$に(4)式で示される交互作用効果のみが加算された図といえる．制約条件である$\sum_{i=1}^{a}(\alpha\beta)_{ij} = \sum_{j=1}^{b}(\alpha\beta)_{ij} = 0$も視覚的に見てとれる．

Q30 主効果と交互作用とは別物なのでしょうか．

A30 2因子A，Bの例で一般的にいうと，因子Aの主効果とは，因子Bの水準変化によらない因子A単独の効果，因子Bの主効果とは，因子Aの水準変化によらない因子B単独の効果である．一方，交互作用があるということは，因子$B(A)$の水準が変化したとき，因子$A(B)$単独の効果だけでは説明できない効果が現れることで，この効果を$A \times B$の交互作用効果という．しかし，この解釈は一意的なものではない．実験目的に照らしてどのようなモデル(データの構造)が最もふさわしいのか，実験者が判断すべきことである．

表2.4のL_4直交表の(1)，(2)，(3)列にA，B，$A \times B$を割り付けるとき，自由度3の処理間平方和は，$S_{AB} = S_A + S_B + S_{A \times B}$なる直交分解を受ける(**Q65**参照)．表2.4の右側のように，(2)，(3)列を(2)′，(3)′列に作り変えると，(1)列がAの効果を表すことに変わりはないが，(2)′，(3)′列の意味は，表2.5のように，その内容が変化する．

(2)′：A_1でのB_1とB_2の比較(A_1でのBの効果：$B(A_1)$と書く)

第2部　実験計画法100問100答

表2.4　対比の線形結合(便宜上，第1，第2水準をそれぞれ"＋1"，"－1"と書いている)

実験No.＼列番	(1)	(2)	(3)	(2)′	(3)′
1	＋1	＋1	＋1	＋1	0
2	＋1	－1	－1	－1	0
3	－1	＋1	－1	0	＋1
4	－1	－1	＋1	0	－1
水準記号の和	0	0	0	0	0

表2.5　直交対比と2種類の擬因子法(表2.4の発展形)

							因子水準	①		②	
	(1)	(2)	(3)	(1)	(2)′	(3)′		(2)′	(3)′	(2)′	(3)′
実験番号	A	B	$A \times B$	A	$B(A_1)$	$B(A_2)$	A_iB_j	C	C	C	D
1	1	1	1	1	1	0	A_1B_1	1		1	
2	1	－1	－1	1	－1	0	A_1B_2	2		2	
3	－1	1	－1	－1	0	1	A_2B_1		2		1
4	－1	－1	1	－1	0	－1	A_2B_2		3		2
基本表示	a	b	ab	\{(2)±(3)\}/2→(2)′,(3)′							

　(3)′：A_2でのB_1とB_2の比較(A_2でのBの効果：$B(A_2)$と書く)

　一般に$L_N(2^{N-1})$直交表で基本表示がp, q, pqの関係にある3列をこのように扱うとき，(1)，(2)，(3)列にあたる対比と平方和をd_A, d_B, $d_{A \times B}$，および，S_A, S_B, $S_{A \times B}$，(1)，(2)′，(3)′列にあたる対比と平方和をd_A, $d_{B(A_1)}$, $d_{B(A_2)}$，および，S_A, $S_{B(A_1)}$, $S_{B(A_2)}$と書くと，いずれによっても3つの成分は互いに直交する．因子Aが化学反応の触媒の種類，因子Bが反応助剤であるとすると，平方和について，(1)式の表現Ⅰとは異なる(2)式の表現Ⅱが考えられる．平方和の分解については，表現Ⅰと表現Ⅱの間に(3)式が常に成り立つ．要因配置実験でも，直交表実験でも，定性的因子が関係する交互作用については，表現Ⅱの形が適切な場合があり，技術的にふさわしいほうを採用する．例えば，触媒別に最適な助剤を決定したいのなら，(2)式の表現Ⅱが適切であり，データの構造を(4)式とする．

第2章　要因配置実験

表現Ⅰ： $S_{AB} = S_A + S_B + S_{A \times B}$ 　　　　　　　　　　　　　　(1)

表現Ⅱ： $S_{AB} = S_A + S_{B(A_1)} + S_{B(A_2)}$ 　　　　　　　　　　　　(2)

$S_B + S_{A \times B} = S_{B(A_1)} + S_{B(A_2)},\ S_{(2)} + S_{(3)} = S_{(2)'} + S_{(3)'}$ 　(3)

$y_{ij} = \mu + \alpha_i + \beta_{j(i)} + e_{ij}$ 　　 $(i,\ j = 1,\ 2)$ 　　　　　(4)

第1部の2.2.3項で述べたように，p，q，pqの関係の基本表示をもつA，B，$A \times B$の列を確保し，表2.5の上部に示した①②のように，A_1，A_2でのB_1，B_2に対して①では$C_1 C_2$と$C_2 C_3$，②では$C_1 C_2$と$D_1 D_2$をそれぞれ対応させれば，実際に水準を設定する因子はBではなく，CあるいはDである．直交表上の形式的な表現に過ぎないBを**擬因子**，②の割付け法を**擬因子法**という．一方，①の割付け法は**アソビ列法**とよんでいる．

Q31　等分散性のチェックで「等分散とはいえない」となったときの処置はどのようなものでしょうか．

A31
　等分散性の検定では「等分散とはいえない」ことにならないよう期待するが，結果的に「等分散とはいえない」こともある．その場合は，対数変換など，データが等分散になるように変数変換した後，分散分析を行う．あるいは，データを順位に変換してKruskal-Wallis検定などを行う．

　しかし，F分布は，等分散性の仮定が厳密に成り立っていなくてもロバストネスがあって，検定結果に大きな影響のないことが知られている．したがって，実務上は，等分散性の仮定が成り立っていないことを必要以上に気にする必要はない．等分散性からの乖離がよほど大きくない限り，F検定を行ってよい．

　等分散性の検定は，範囲を用いる検定が簡単でよく用いられるが，それ以外の代表的な方法として，Bartlett検定，Hartley検定[5]，Levene検定といったものがある．繰返し数が同じかどうか，繰返し数が多い場合に用いるか／少な

---

5)　森口繁一，日科技連数値表委員会（編），『新編　日科技連数値表―第2版―』，p.17，日科技連出版社（1990）

い場合に用いるか，検出力や第一種の過誤の大きさはどうか，などで異なる点はあるが，有意差検定の結果に大差は見られない．

Q32 主効果は条件設定できますが，交互作用の条件設定はどうするのでしょうか．

A32
2水準の直交表で例示すると，交互作用も主効果と同じく，直交表の水準記号に合わせて，第1水準，第2水準とするが，これは数学上の便宜のためで，主効果のように独立に水準を設定することはできない．これは，AとBの主効果の水準を指定すると，$A \times B$の水準は自動的に決まってしまうからである．例えば，AとBを直交表の列にそれぞれ割り付けると，$A \times B$の現れる列は自動的に決まる．したがって，交互作用としての水準も同時に決まってしまう．このため，交互作用の水準を個別に指定することは考えなくてよい．

第3章 直交表

Q33
直交表の利点をわかりやすく説明してください.

A33
直交表の利点について理解を深めるために,第1部の1.5節を今一度読んでから本回答を見てほしい.

第1部1.5節の(6)〜(9)式を解くと,w_1の結果は再掲(10)式となり,4回の測定でその分散は,(11)式のように,$\sigma^2/4$となる.未知質量の試料を個別に1回測定した場合の分散はσ^2であるから,精度は4倍になっている.

$$w_1 = \frac{(y_1+y_2+y_3+y_4)+(e_1+e_2+e_3+e_4)}{4} \qquad 再掲(10)$$

$$Var(w_1) = \frac{Var(\sum e_i)}{16} = \frac{\sigma^2+\sigma^2+\sigma^2+\sigma^2}{16} = \frac{\sigma^2}{4} \qquad (11)$$

再掲(6)式で,w_1をμ,w_2をα,w_3をβ,w_4を$(\alpha\beta)$に置き換えると,誤差eはプラスマイナスを入れ替えても一般性を失わないから,(12)式となる.第1部1.5節の(7)式〜(9)式についても同様である.

$$w_1+w_2+w_3+w_4 = y_1+e_1 \qquad [w_1+w_2+w_3+w_4=y_1+e_1]$$
$$\qquad 再掲(6)$$

$$y_1 = \mu + \alpha + \beta + (\alpha\beta) + e_1 = \mu + \alpha_1 + \beta_1 + (\alpha\beta)_{11} + e_1 \qquad (12)$$

ここで,制約条件$\alpha_1 + \alpha_2 = 0$から,$\alpha_1 = \alpha$,$\alpha_2 = -\alpha$とおいていることに留意されたい.β,$(\alpha\beta)$についても同様である.

注意してほしいのは,無計画に実験すると,分散が$\sigma^2/4$にならないばかりか,連立方程式自体が解けないことにもなる. しかし,直交表を用いると機械的に計画できる.すなわち,同時に多くの因子を取り上げて実験すれば効率が

上がる．この例に即していえば，試料を1個1個量るより，直交表を用いて4つの試料を同時に4回量るほうが精度がよい．

実験回数を同一とした場合，実験計画法にもとづき，多数の因子を同時にとりあげて1次独立な計画を立てて実験するほうが，単因子ごとに実験するより精度がよい．

Q34 直交表などで，各列の平方和はどこまでを誤差とみたらよいのでしょうか．図的解法はないのでしょうか．

A34
直交表は，要因効果の把握のための実験に広く用いられるが，スクリーニングなどの目的で利用されることも多い．この場合，効果が大きいと想定する因子はもちろん，効果が小さいと思われるものも積極的に因子として取り上げる．その結果，誤差列が少なくなり，誤差の自由度が小さくなることも少なくない．このような場合，分散分析に際しては，あらかじめ要因効果の小さいものを誤差にプールし，誤差の自由度を上げることを想定する．

過去の経験から，σ^2の大きさが大体わかっていれば，その値を基準として用いることができる．しかし，そうでない場合，データから各列の平方和を求めたとき，どこまでを誤差と見たらよいかは判然としないことも多い．

これを補う図的分散分析法として，Danielは2水準の直交表実験に対して，half-normal plotを導入した[1]．また，松本は3水準系の直交表に対してカイ2乗(2)プロットを報告している[2]．これらは理論的な裏付けもあり，特別につくられた目盛りをもつ図上で図的分散分析ができるようになっている．

一般の分散分析においても，SASやSPSSなどの解析ソフトを利用すれば，効果(対比)の絶対値を順序統計量として半正規分位点に対してプロットした半

---

[1] Use of half-normal plot in interpreting factorial two-level experiments, *Technometrics*, **1**, 4, 311 (1959)
[2] 3水準の直交表実験の詳細については，「カイ2乗(2)プロット」，『日本品質管理学会第14回年次大会研究発表要旨集』(松本哲夫，日本品質管理学会)を参照すること．データは日科技連出版社HP(http://www.juse-p.co.jp/)よりダウンロードできる．

正規プロットが表示されるので，折れ曲がるまでの直線領域を誤差，折れ曲がった後を要因効果とみればよい．

以下の例は，横軸の目盛りが，報告されているような自由度2のカイ2乗(2)プロット用の特別目盛りではないが，表3.1の平方和を大きさの順に並べてプロットしたものである（図3.1）．

表3.1 L_{27}実験で得られたデータ

i	平方和	要因
1	2.74	
2	16.07	F
3	18.3	$B \times C$
4	24.96	$B \times C$
5	31.63	
6	45.41	C
7	68.96	$A \times C$
8	96.07	$A \times B$
9	136.96	$A \times B$
10	158.3	A
11	181.63	D
12	234.96	$A \times C$
13	295.63	B
計	1311.62	

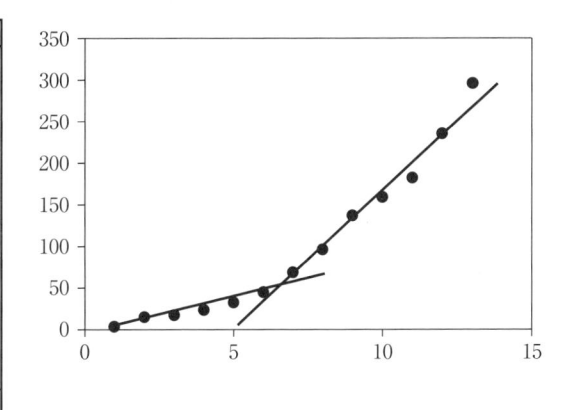

図3.1 順序統計量としての平方和のプロット

これを見ると，6番目あたりで折れ曲がっているように見える．6番目の平方和はCの主効果であり，$A \times C$は無視できないので，交互作用に関係する主効果としてプールしない．そうすると，分散分析表は表3.2となる．

なお，表3.2では，交互作用の平方和を割り付けられた2列の平方和を合わ

表3.2 通常の分散分析表

sv	ss	df	ms	F_0	
A	158.3	2	79.15	8.45	∗
B	295.63	2	147.815	15.78	∗
C	45.41	2	22.705	2.42	
D	181.63	2	90.815	9.69	∗
$A \times B$	233.03	4	58.2575	6.22	∗
$A \times C$	303.92	4	75.98	8.11	∗
誤差	93.7	10	9.37		
計	1311.62	26			

せて示してある．一方，**図3.1**のプロットにおいては，各列の平方和をそのまま（自由度2で）プロットしていることに留意されたい．

Q35
直和法で，最適条件における母平均の推定は，各反復を平均して推定するのか，それとも，最適条件が含まれる反復だけで行うのでしょうか．

A35
どちらが好ましいということは一概にいえないが，実測値と点推定値の差が小さいのは一般に後者である．一方，できるだけ多くのデータを利用するという立場に立つと，前者となる．実務的には，両方を計算して比較するとよい．

Q36
データの構造にもとづく有効反復数の推定方法を説明してください．

A36
Q22の例題を用いて，データの構造にもとづく推定方法を説明する．この方法は，一見手間のかかるように見えるが，すべての計画に適用でき，しかも，確実に正しい推定が行えるので，有用な方法である．本方法は，推定誤差をいったん，誤差の線形式として表し，互いに独立な誤差に戻してから分散の加法性をもとに計算する方法である（Q18参照）．以下に手順を示す（**表3.3**）．

① 推定におけるデータの構造を書く．
$$\hat{\mu}(A_1C_1F_1G_1) = \hat{\mu} + \hat{a}_1 + \hat{c}_1 + \hat{f}_2 + \hat{g}_1 + (\widehat{ac})_{11} + (\widehat{ag})_{11}$$
$$= \{\hat{\mu} + \hat{a}_1 + \hat{c}_1 + (\widehat{ac})_{11}\} + \{\hat{\mu} + \hat{a}_1 + \hat{g}_1 + (\widehat{ag})_{11}\}$$
$$+ (\hat{\mu} + \hat{f}_2) - (\hat{\mu} + \hat{a}_1) - \hat{\mu}$$

② 最後の式の5つの項の推定式で，推定に用いる実験№に対する係数を個々に書き下す．→第2列～第6列
③ 実験№ごとに，係数を横方向に集計する．→第7列目の合計欄

表3.3 誤差の線形式として表した有効反復数の計算

誤差	$\hat{\mu}+\hat{a}_1+\hat{c}_1+(\widehat{ac})_{11}$	$\hat{\mu}+\hat{a}_1+\hat{g}_1+(\widehat{ag})_{11}$	$\hat{\mu}+\hat{f}_2$	$-(\hat{\mu}+\hat{a}_1)$	$-\hat{\mu}$	合計	データ
e_1	1/4	1/4		-1/8	-1/16	5/16	y_1
e_2		1/4		-1/8	-1/16	1/16	y_2
e_3		1/4	1/8	-1/8	-1/16	3/16	y_3
e_4	1/4	1/4	1/8	-1/8	-1/16	7/16	y_4
e_5	1/4			-1/8	-1/16	1/16	y_5
e_6				-1/8	-1/16	-3/16	y_6
e_7			1/8	-1/8	-1/16	-1/16	y_7
e_8	1/4		1/8	-1/8	-1/16	3/16	y_8
e_9			1/8		-1/16	1/16	y_9
e_{10}			1/8		-1/16	1/16	y_{10}
e_{11}					-1/16	-1/16	y_{11}
e_{12}					-1/16	-1/16	y_{12}
e_{13}			1/8		-1/16	1/16	y_{13}
e_{14}			1/8		-1/16	1/16	y_{14}
e_{15}					-1/16	-1/16	y_{15}
e_{16}					-1/16	-1/16	y_{16}

④ 個々のデータは独立なので合計欄に対して誤差の加法性を適用する．

⑤ 次式となって，田口の式と一致する[3]．

$$\frac{1}{n_e}=\frac{\{(\pm 1)^2 \times 11+(\pm 3)^2 \times 3+(\pm 5)^2 \times 1+(\pm 7)^2 \times 1\}}{16^2}=\frac{11+27+25+49}{256}$$

$$=\frac{112}{256}=\frac{7}{16}$$

---

3) $\dfrac{1}{n_e}=\dfrac{1+\text{無視しない要因の自由度の和}}{\text{全実験数}}=\dfrac{1+\phi_A+\phi_C+\phi_{A\times C}+\phi_G+\phi_{A\times G}+\phi_F}{16}=\dfrac{7}{16}$

Q37 アソビ列法でアソビ列をプールしない理由は何でしょうか．

A37
アソビ列Wは一般に交絡要因が分離不能の状態で混在している．そのため，平方和は計算できるが，アソビ列の交絡情報は捨てることを基本としている（Q38参照）．

情報を捨てるということは，「誤差にはプールしない」し，「要因効果ともしない」ということで，分散分析表には残すが，検定は行わず，推定におけるデータの構造にも入れない．

Q38 他の要因の効果と交絡しているアソビ列の平方和は他の列の平方和と直交しているのでしょうか．

A38
次の例を用いて説明する．

【例】 A，B，C（各2水準）とD，F，G（各3水準）の主効果と$A \times B$，$A \times C$，$B \times C$の2因子間交互作用を取り上げ，表3.4のように，アソビ列（W）を使用してL_{16}直交表に割り付けた．データの数値は大きいほうがよい．重複水準は，技術的に良いと想定される水準として，それぞれD_2，F_1，G_1を選んだ．

分散分析表を表3.5に示す．

表3.4 $L_{16}(2^{15})$直交表への割付け

列番\要因	(1) A	(2) B	(3)	(4) C	(5)	(6)	(7) W	(8) D_1D_2	(9) F_1F_2 G_1G_2	(10)	(11)	(12) F_1F_3 G_1G_3	(13)	(14) D_2D_3	(15)	データ y
実験No.																
1	1	1	1	1	1	1	1	1	1	1	1	1				10
2	1	1	1	1	1	1	1	2	2	2	2	2				11
3	1	1	1	2	2	2	2			1	2	3	3	3		43
4	1	1	1	2	2	2	2			2	1	1	1	2		54
5	1	2	2	1	1	2	2			2	1	1	3	3		39
6	1	2	2	1	1	2	2			1	2	3	1	2		57
7	1	2	2	2	2	1	1	1	1	2	2					65
8	1	2	2	2	2	1	1	2	2	1	1					71
9	2	1	2	1	2	1	2			2	1	3	1	3		65
10	2	1	2	1	2	1	2			1	2	1	3	2		73
11	2	1	2	2	1	2	1	2	1	2	2					60
12	2	1	2	2	1	2	1	2	1	2	1	1				61
13	2	2	1	1	2	2	1	1	2	2	1	1				46
14	2	2	1	1	2	2	1	2	1	1	2	2				73
15	2	2	1	2	1	1	2			1	2	1	1	3		61
16	2	2	1	2	1	1	2			2	1	3	3	2		71
基本表示	a	b	ab	c	ac	bc	abc	d	ad	bd	abd	cd	acd	bcd	$abcd$	$T=860$

第2部 実験計画法100問100答

表3.5 分散分析表

sv	ss	df	ms	F_0	$E(ms)$	F_0
W	272.25	1	272.25	—	σ^2+ (交絡要因)	
A	1600	1	1600	54.9*	$\sigma^2+8\sigma_A^2$	61.2**
B	702.25	1	702.25	24.1*	$\sigma^2+8\sigma_B^2$	26.9**
C	784	1	784	26.9*	$\sigma^2+8\sigma_C^2$	30.0**
D	429.25	2	214.625	7.37	$\sigma^2+2\sigma_{D_1D_2}^2+2\sigma_{D_1D_3}^2$	8.21*
F	70.25	2	35.125	1.21	$\sigma^2+2\sigma_{F_1F_2}^2+2\sigma_{F_1F_3}^2$	
G	130.25	2	65.125	2.24	$\sigma^2+2\sigma_{G_1G_2}^2+2\sigma_{G_1G_3}^2$	2.49
$A\times B$	930.25	1	930.25	31.9*	$\sigma^2+4\sigma_{A\times B}^2$	35.6**
$A\times C$	900	1	900	30.9*	$\sigma^2+4\sigma_{A\times C}^2$	34.4**
$B\times C$	2.25	1	2.25	0.08	$\sigma^2+4\sigma_{B\times C}^2$	
e	58.25	2	29.125		σ^2	
e	130.75	5	26.15		σ^2	
計	5879	15				

　この例の場合，直交表実験であるので，普通に求めた(7)列の平方和$(S_{(7)}=272.25)$は，当然ながら，各列の平方和と互いに直交している．これをS_Wとおけば，各要因の平方和の合計は全平方和に等しくなる．(7)列の平方和は，アソビ列法で割り付けた因子D，F，Gに関する交絡要因を含んでいるので無視しない．

　ちなみに，日科技連出版社HP(http://www.juse-p.co.jp/)からダウンロードしたExcelによる分散分析の結果を表3.6に示す．これによると，プーリング前のアソビ列の平方和は，$S_W=12.25$となっている．

表3.6 分散分析表1：プーリング前

sv	ss	df	ms	F_0	検定
W	12.25	1	12.25	0.420601	
A	1600	1	1600	54.93562	∗
B	702.25	1	702.25	24.11159	∗
C	784	1	784	26.91845	∗
D	429.25	2	214.625	7.369099	
F	70.25	2	35.125	1.206009	
G	130.25	2	65.125	2.236052	
A×B	930.25	1	930.25	31.93991	∗
A×C	900	1	900	30.90129	∗
B×C	2.25	1	2.25	0.077253	
e	58.25	2	29.125		
計	5879	15			

　表3.6の分散分析表1では，アソビ列Wの平方和はQ66で述べるType IIの考え方で求めているので，各平方和の合計が全平方和に等しくなっていない．また，この例では下記のように，交絡要因である因子Fをプールすると，プーリング後の分散分析表2（表3.7）はプーリング前の分散分析表1（表3.6）と違って，アソビ列Wの平方和の値は変化している．なお，アソビ列以外の平方和は不変である．

表3.7 分散分析表2：プーリング後

sv	ss	df	ms	F_0	検定
W	30.08333	1	30.08333	1.150414	
A	1600	1	1600	61.18547	∗∗
B	702.25	1	702.25	26.85468	∗∗
C	784	1	784	29.98088	∗∗
D	429.25	2	214.625	8.207457	∗
G	130.25	2	65.125	2.49044	
A×B	930.25	1	930.25	35.57361	∗∗
A×C	900	1	900	34.41683	∗∗
e	130.75	5	26.15		
計	5879	15			

第4章　実験計画法全般

Q39　実務では，データが正規分布に従わないときがあるのではないでしょうか．

A39
計数値を除けば，ほとんどの場合，データは正規分布に従うと仮定している．ところが，実験者は取り扱うデータが必ずしも正規分布に従う変量ばかりとは限らないのではないかと心配になる．しかし，**中心極限定理**があるので，実務上，正規分布の仮定にあまり深刻になる必要はない．

中心極限定理をわかりやすくいうと，「どんな確率分布でも，そこから取り出したn個の標本の平均値の分布は，データ数が大きくなるにつれ，正規分布に近づく」となる．

これは，「Yが母平均μ，母分散σ^2の分布に従うならば，n個の標本の平均$\overline{Y}$は，標本数nが大きくなるとき，平均がμ，分散が$\dfrac{\sigma^2}{n}$の正規分布に近づく」ということである．

例えば，サイコロの出目は一様分布に従うが，n回サイコロを振って，出た目の平均値を考えると，これはnが大きくなるにつれて正規分布に近づいていく（**Q95**参照）．

Q40

制約式はなぜ必要なのでしょうか．

A40

一般に，直交実験を行い分散分析するうえで，手順のうえでは必ずしも制約式（制約条件）を必要としない（明示的には不要）．一方，非直交実験の場合は，一般線形モデル（GLM）による線形推定・検定論を用いる必要があり，正規方程式の解を一意的に求めるためには，あらかじめ母数のムダをなくしておくことが好適で，そのための制約式は不可欠である（直交実験に線形推定・検定論を適用するときも必要となる）．

ただ，例えば因子Aについて，一般的に用いられる$\sum n_i \alpha_i = 0$といった制約式を用いない場合には，算術平均が$\hat{\mu}$と一致しないことに注意が必要である．つまり，どのようなデータセットにおいても，平均値として，データの総和をその総数で割った算術平均を暗黙のうちに$\hat{\mu}$と想定し，それからの偏差平方和を対象としたうえで解析しており，その前提と合致しなくなる．意図して算術平均を仮定しないのなら，制約式として別のものを採用しても数学的には間違いではないが，平方和の計算などは煩雑になってしまう．

制約式を用いる必要があるか否かはここに示したとおりであるが，母数に制約式のあることは認識しておく必要がある（Q68参照）．

Q41

平均平方の期待値はなぜ分散分析表に記入するのでしょうか．

A41

分散分析はF検定をしているのであるから，当然，帰無仮説と対立仮説がある．しかし，たいていの場合，これらを明示していない．平均平方の期待値$E(ms)$は，要因Aの効果がないという帰無仮説$H_0：\sigma_A^2 = 0$のとき，要因Aの平均平方の期待値と誤差の平均平方の期待値がいずれもσ^2となり，かつ，独立であるからその比はF分布することを表し，実質的に前記仮説を示しているとみることができる．分割法などでは，

平均平方の期待値を意識しないと，意図した仮説検定ができないので注意したい．

この辺りの事情を表4.1に要約しておくので，参照されたい（表中の矢印は検定の方式を示す）（**Q42**参照）．

Q42 分散分析表において，$E(ms)$ の係数の求め方がわかりません．

A42
$A(a=3$ 水準$)$，$B(b=4$ 水準$)$，繰返し $(n=2$ 回$)$ の2元配置を例に，$E(ms)$ の係数を求めてみよう．$E(V_A) = \sigma^2 + bn\sigma_A^2$ で σ_A^2 にかかる係数の値は，各水準での繰返し数が等しい場合，A_1 なら A_1 水準のデータの数を示している．例えば，A_1 水準には $bn = 4 \times 2 = 8$ 個のデータがある．B_1 水準には $an = 3 \times 2 = 6$ 個のデータがある．A_1B_1 水準組合せには $n=2$ 個のデータがある．

どうしてこのようになるのか，データの構造から考えてみる．

$$y_{ijk} = \mu + \alpha_i + \beta_j + (\alpha\beta)_{ij} + e_{ijk}$$

$$\sum \alpha_i = 0, \quad \sum \beta_j = 0, \quad \sum (\alpha\beta)_{ij} = 0$$

より，

$$\bar{y}_{ij.} = \mu + \alpha_i + \beta_j + (\alpha\beta)_{ij} + \overline{e_{ij.}}$$

$$\bar{\bar{y}} = \mu + \sum_{i=1}^{a}\alpha_i + \sum_{j=1}^{b}\beta_j + \sum_{i=1}^{a}\sum_{j=1}^{b}(\alpha\beta)_{ij} + \bar{\bar{e}} = \mu + \bar{\bar{e}}$$

誤差平方和へこれらを代入すると，次式となる．

$$S_e = \sum_{i=1}^{a}\sum_{j=1}^{b}\sum_{k=1}^{n}(y_{ijk} - \bar{y}_{ij.})^2$$

$$= \sum_{i=1}^{a}\sum_{j=1}^{b}\sum_{k=1}^{n}(\mu+\alpha_i+\beta_j+(\alpha\beta)_{ij}+e_{ijk}-\mu-\alpha_i-\beta_j-(\alpha\beta)_{ij}-\overline{e_{ij.}})^2$$

$$= \sum_{i=1}^{a}\sum_{j=1}^{b}\sum_{k=1}^{n}(e_{ijk}-\overline{e_{ij.}})^2$$

表4.1 分散分析における帰無仮説(因子Aはa水準,因子Bはb水準,繰返し・反復はn回)

モデル	データの構造	平均平方の期待値	帰無仮説 H_0
繰返しのある2元配置法	$y_{ijk} = \mu + \alpha_i + \beta_i + (\alpha\beta)_{ij} + e_{ijk}$	$E(V_A) = \sigma^2 + bn\sigma_A^2$	$\sigma_A^2 = 0 \quad (\alpha_i = 0,\ for\ all\ i)$
Aを1次因子,Bを2次因子とする反復のある単一分割法 1次因子A	$y_{ijk} = \mu + r_k + \alpha_i + e_{(1)ik} + \beta_j + e_{(2)ijk}$	$E(V_A) = \sigma_2^2 + b\sigma_1^2 + bn\sigma_A^2$	$\sigma_A^2 = 0 \quad (\alpha_i = 0,\ for\ all\ i)$
1次誤差		$E(V_1) = \sigma_2^2 + b\sigma_1^2$	$\sigma_1^2 = 0$
2次因子B		$E(V_B) = \sigma_2^2 + an\sigma_B^2$	$\sigma_B^2 = 0 \quad (\beta_j = 0,\ for\ all\ j)$
2次誤差		$E(V_2) = \sigma_2^2$	
単回帰分析	$y_i = \beta_0 + \beta_1(x_i - \overline{x}) + e_i$	$\sigma^2 + \beta_1^2 \sum_{i=1}^{n}(x_i - \overline{x})^2$	$\beta_1 = 0$

この期待値 $E[S_e] = \sum_{i=1}^{a}\sum_{j=1}^{b}\sum_{k=1}^{n} E[(e_{ijk}-\overline{e_{ij\cdot}})^2]$ において，$E[e_{ijk}e_{ijk'}] = 0$ $(k' \neq k)$ より，$E[e_{ijk}-\overline{e_{ij\cdot}}]^2$ は，

$$E[e_{ijk}-\overline{e_{ij\cdot}}]^2 = E[e_{ijk}^2] - 2E[e_{ijk}\overline{e_{ij\cdot}}] + E[\overline{e_{ij\cdot}}^2]$$

$$= \sigma^2 - \frac{2}{n}E\left[e_{ijk}\sum_{k'\neq k}e_{ijk'} + e_{ijk}^2\right] + \frac{\sigma^2}{n}$$

$$= \sigma^2 - 2 \times \frac{\sigma^2}{n} + \frac{\sigma^2}{n} = \left(1-\frac{1}{n}\right)\sigma^2 = \frac{n-1}{n}\sigma^2$$

である．よって，

$$E[S_e] = \sum_{i=1}^{a}\sum_{j=1}^{b}\sum_{k=1}^{n}\left(\frac{n-1}{n}\sigma^2\right) = ab(n-1)\sigma^2$$

を得る．

処理間平方和については，

$$S_A = \sum_{i=1}^{a}\sum_{j=1}^{b}\sum_{k=1}^{n}(\overline{y_{i\cdot\cdot}}-\overline{\overline{y}})^2 = \sum_{i=1}^{a}\sum_{j=1}^{b}\sum_{k=1}^{n}(\mu+\alpha_i+\overline{e_{i\cdot\cdot}}-\mu-\overline{\overline{e}})^2$$

$$= \sum_{i=1}^{a}\sum_{j=1}^{b}\sum_{k=1}^{n}\left\{\alpha_i+\left(\overline{e_{i\cdot\cdot}}-\overline{\overline{e}}\right)\right\}^2$$

$$E\left[\alpha_i+\left(\overline{e_{i\cdot\cdot}}-\overline{\overline{e}}\right)\right]^2 = E\left[\alpha_i^2 + 2\alpha_i\left(\overline{e_{i\cdot\cdot}}-\overline{\overline{e}}\right) + \left(\overline{e_{i\cdot\cdot}}-\overline{\overline{e}}\right)^2\right]$$

において，

$$E\left[\alpha_i\left(\overline{e_{i\cdot\cdot}}-\overline{\overline{e}}\right)\right] = 0$$

$$E\left[\overline{e_{i\cdot\cdot}}-\overline{\overline{e}}\right]^2 = E\left[\overline{e_{i\cdot\cdot}}^2\right] - 2E\left[\overline{e_{i\cdot\cdot}}\overline{\overline{e}}\right] + E\left[\overline{\overline{e}}^2\right]$$

$$= \frac{\sigma^2}{bn} - \frac{2}{a}E\left[\overline{e_{i\cdot\cdot}} \times \sum_{i'\neq i}\overline{e_{i'\cdot\cdot}} + \overline{e_{i\cdot\cdot}}^2\right] + \frac{\sigma^2}{abn}$$

$$= \frac{\sigma^2}{bn} - 2\frac{\sigma^2}{abn} + \frac{\sigma^2}{abn} = \frac{1}{abn}(a-2+1)\sigma^2 = \frac{a-1}{abn}\sigma^2$$

である．よって，

$$E[S_A] = bn\sum_{i=1}^{a}\alpha_i^2 + \sum_{i=1}^{a}\sum_{j=1}^{b}\sum_{k=1}^{n}\left(\frac{a-1}{abn}\right)\sigma^2$$

$$= bn\sum_{i=1}^{a}\alpha_i^2 + (a-1)\sigma^2$$

である．ここで，$\sigma_A^2 \equiv \dfrac{\sum_{i=1}^{a}\alpha_i^2}{(a-1)}$ と定義すると，下式を得る．

$$E[S_A] = bn(a-1)\sigma_A^2 + (a-1)\sigma^2$$

$$E[V_A] = E\left[\frac{S_A}{\phi_A}\right] = \frac{E[S_A]}{a-1} = \sigma^2 + bn\sigma_A^2$$

平方和を対応する自由度で割った統計量を平均平方（ms：mean squares）とよび，記号 V で表す．他も同様にして，平均平方の期待値 $E(ms)$ は，それぞれ，

$$\left.\begin{array}{l} E[V_B] = \dfrac{E[S_B]}{(b-1)} = \sigma^2 + an\sigma_B^2 \\[2mm] E[V_{A\times B}] = \dfrac{E[S_{A\times B}]}{(a-1)(b-1)} = \sigma^2 + n\sigma_{A\times B}^2 \\[2mm] E[V_e] = \dfrac{E[S_e]}{ab(n-1)} = \sigma^2 \end{array}\right\}$$

となる．すなわち，前記のように，σ_A^2，σ_B^2，$\sigma_{A\times B}^2$ にかかる係数は各水準におけるデータ数となっており，これが $E(ms)$ の書き下しのルールである．

Q43 反復実験では，最適値があると思われる方向に実験条件をずらして実験できないのでしょうか．

A43 Q24に述べたように，反復実験の有利な点の1つとして，それまでに実施した反復実験の結果を以降の反復の実験計画に活用できることにある．したがって，単なる反復ではなく，最適値のある方向，あるいは，重要と考える水準組合せなど，好ましい実験配置へと改変で

きる融通性を活用すべきであるといえる．以下にメリットを列挙する．

① 新たな最適条件を発見できる．
② 結果的に水準が増え，幅広く実験できる．
③ 特別な費用はかからない．
④ 交互作用が無視できるなら実測値のない条件での推定ができる（Q24の図2.3におけるA_1B_4とA_4B_1）．
⑤ 誤差や反復間変動も検出できる．
⑥ 適用の場に応じた実験者の工夫が盛り込める．

しかしながら，このような実験計画は，一般に非直交計画となるので，汎用の分散分析では解析ができない．そこで，非直交計画でも分散分析ができる線形推定・検定論にもとづく解析用ソフトを用意しておくと便利である[1]．

応用例として，水準の組合せ全体を反復するのではなく，表4.2に示すように，その一部だけに実験を限定することも可能である．

表4.2 第2反復（●）で実験の数を絞る場合

	B_1	B_2	B_3
A_1	○	○●	○
A_2	○●	○●	○●
A_3	○	○●	○

	B_1	B_2	B_3
A_1	○	○	○
A_2	○	○●	○●
A_3	○	○●	○●

Q44
一部の実験点でデータが増えた場合の分散分析はどうしたらよいのでしょうか．

A44
一揃えの実験条件組合せの全体で繰返し数や反復数が増える場合は，実験の直交性は保たれるので通常の方法で対

---

[1] 詳細は『実務に使える 実験計画法』（松本哲夫ら，日科技連出版社）に紹介されている．

第4章　実験計画法全般

応できる．しかし，一部の実験点でのみ実験数が増えたり，欠測値が生じた場合は，1元配置を除いて非直交計画となるので，通常の分散分析はできない．一般線形モデルを用いて線形推定・検定論で対処する．

なお，**Q45**に述べるように，枝分かれ型の誤差を形成している場合は，その形で分散分析する．

Q45 測定だけを複数回実施したときなど，枝分かれ型の誤差を伴う場合の解析方法を教えてください．

A45

通常，誤差とか実験誤差とよんでいるものは，その実験の場の誤差（これをプロセス誤差と総称する）である．これに対し，サンプルをとる際のサンプリングや測定などの誤差（これらを測定誤差と総称する）がプロセス誤差に対して相対的に大きい場合，測定だけを繰り返すことが有効である．この場合，低次の誤差であるプロセス誤差から高次の誤差である測定誤差が分離される．

例を挙げる．成形品の強度が特性値のとき，1回の実験から試験片をn個つくり，それらの強度を測定する場合などは，データ数はn倍になるが，実験そのものはn倍にはならない．このような場合は，同一条件でのn個の試験片間のデータのばらつきは，測定誤差による．こういった測定誤差は枝分かれ型の誤差を形成し，より高次の誤差となる．

1元配置（因子A；$a=4$水準）で，$r=2$回の繰返し，計8回の実験を行ったとする（**表4.3**）．

各実験で$n=3$回ずつ測定のみを繰り返した場合，それぞれの各実験条件で$n-1=2$の自由度で測定誤差e_2を見積もる．実験は8回行われるので，合計で自由度は$ar(n-1)=4\times2\times(3-1)=16$で測定誤差を見積もる．**表4.3**における計算の進め方は以下のとおりである．

① まず，各実験条件での測定値の平均値（アミカケ部）を用いて，測定に繰返しがないとして，1元配置（繰返し2回）の分散分析を行う．$S=23.5$，$S_A=18.5$，$S_{e1}=5$と計算でき，**表4.4**の分散分析表1を得る．因

表4.3 データ表
(繰返しのある1元配置で,測定値が3個ずつある例:アミカケ部は平均)

	A_1		A_2		A_3		A_4	
$r=1$	5 3 4	4	8 4 6	6	6 4 8	6	5 2 2	3
$r=2$	1 2 6	3	9 6 9	8	4 8 9	7	3 5 7	5

表4.4 分散分析表

分散分析表1

sv	ss	df	ms	F_0	p値
A	18.5	3	6.17	4.93	0.079
誤差	5.0	4	1.25		
計	23.5	7			

分散分析表2

sv	ss	df	ms	F_0	p値
A	55.5	3	18.50	4.93	0.079
誤差e_1	15.0	4	3.75	0.91	0.482
誤差e_2	66.0	16	4.13		
計	136.5	23			

分散分析表3

sv	ss	df	ms	F_0	p値
A	55.5	3	18.50	4.57 *	0.014
誤差e_2	81.0	20	4.05		
計	136.5	23			

子Aは5%で有意ではない.ここで,S_{e1}は測定の繰返しがない一般の場合のS_eと考えればよい.

② 測定誤差を加味する以降の分散分析表では,これら3つの平方和を3倍(測定数が3である)する.各実験点での測定誤差e_2は,A_1R_1と

A_1R_2 を例にとれば，以下のように計算でき，全8条件分を合計すると，$S_{e2} = 66$ と求まる．

$$S_{e_2(A_1R_1)} = 5^2 + 3^2 + 4^2 - \frac{(5+3+4)^2}{3} = 2$$

$$S_{e_2(A_1R_2)} = 1^2 + 2^2 + 6^2 - \frac{(1+2+6)^2}{3} = 14$$

そうすると，表4.4の分散分析表2を得る．プロセス誤差 e_1 は測定誤差 e_2 で検定し，e_1 が有意であれば S_A は e_1 で検定する．e_1 が有意でなければ，e_1 を e_2 にプールした S'_{e_2} を用いて S_A を検定する，この例の場合，表4.4の分散分析表において，e_1 は有意ではない．

③　ついで，e_1 を e_2 にプールした S'_{e_2} を用いて S_A を検定する．表4.4の分散分析表3が最終結果となり，因子Aは5%で有意となる．

この例のように，プロセス誤差に対して測定誤差が大きいときには，測定だけを繰り返すことによって，要因効果の検出力を高めることができる[2]．

Q46　共分散分析とは何でしょうか．

A46　第1部の2.3.2項を読み返してから，以下を読んでいただきたい．

例えば，実験因子でない温湿度が応答となる実験結果に影響するおそれがあるとき，自然変化に任せて無作為化して実験すると，温湿度の影響は誤差を増大させることになる．影響度があまり大きくないときはよいが，相応に影響するなら何らかの対応が必要となる．この例の温湿度のように，**応答には影響するが，実験因子には影響されず，制御できないものを共変量という．**

共変量の影響が大きいとき，これを無視して実験すると，要因効果を誤判定

---

[2]　対処法の詳細は，『応用実験計画法』(楠正ら，日科技連出版社)を参照されたい．

したり，推定に偏りが入ったり，あるいは，検出力が低下したりしてしまう．このような場合の対処の一つの方法として共分散分析がある．

共分散分析は，実験計画モデルに，共変量の項を回帰モデルの形で追加したモデルで解析する．このときのモデルは，共変量 x_1 が応答 y に直線的な効果を及ぼしていると仮定できるなら，データの構造を次のようにおく．

$$y_{ij} = \mu + a_i + \beta_1(x_{1ij} - \bar{x}_1) + e_{ij}, \quad \sum_i \alpha_i = 0, \quad e_{ij} \sim N(0, \sigma^2)$$

共変量はもはや誤差の一部ではなく，回帰効果として誤差から分離できる．このように，共分散分析は分散分析と回帰分析の双方の性格をあわせもつ．そのため，解析はやや難解である[3]．

Q47 対応のあるデータにおける母平均の差の検定と乱塊法の分散分析との違いは何でしょうか．

A47
データに対応がある場合における母平均の差の検定と推定は乱塊法でも解析できる．1因子の乱塊法で水準数を2とした場合，母平均の差の検定においてデータに対応がある場合と同じ結果が得られる．データに対応のある場合の t 検定は，片側，両側いずれの仮説も検定できる反面，水準数が2より大きくなると使用できない．その一方，乱塊法は水準数によらず使用でき，また，ブロック間変動の大きさも推定できる．しかし，片側検定はできない[4]．

α_i を母数因子 A の処理効果，b_j を変量因子 B の効果とすると，データの構造は(1)式となる．ブロック因子は母数因子と区別するため，本書ではアルファベットで表記する．

$$y_{ij} = \mu + \alpha_i + b_j + e_{ij}$$

---

[3] 詳細は『応用実験計画法』(楠正ら，日科技連出版社)を参照されたい．
[4] 分散分析では，$H_0: \mu_1 = \mu_2 = \cdots = \mu_a$ に対して，対立仮説 H_1 として，等号の少なくとも1つは不等号であることを検定する．ここで，不等号の向きは問わないので両側検定となる．

第 4 章 実験計画法全般

$$\sum \alpha_i = 0, \quad b_j \sim N(0, \sigma_B^2), \quad e_{ij} \sim N(0, \sigma^2) \tag{1}$$

対応のある母平均の差の検定では，A_1，A_2における母平均を$\mu + \alpha_1$，$\mu + \alpha_2$として(2)，(3)式のように考える．

$$y_{1j} = \mu + \alpha_1 + b_j + e_{1j} \tag{2}$$

$$y_{2j} = \mu + \alpha_2 + b_j + e_{2j} \tag{3}$$

ここで，y_{1i}とy_{2i}には共通部分b_jが含まれており，互いに独立ではない．ところが，これらの差をとれば，$d_i = y_{1i} - y_{2i} = (\alpha_1 - \alpha_2) + (e_{1i} - e_{2i})$となって共通成分が除かれ，$d_i$は互いに独立に$N(\mu_1 - \mu_2, \sigma_d^2)$に従うことになる．なお，このとき，$\sigma_d^2 = \sigma_1^2 + \sigma_2^2$である．

Q48 乱塊法で，制御因子とブロック因子間の交互作用があったときはどうするのでしょうか．

A48 乱塊法においては，実験の場全体をランダマイズせず，実験の処理や実験の場をブロックに小分けし，層別された各ブロックごとにランダマイズして実験の精度の向上を図る．

小分けした実験の場を**ブロック**，小分けに用いる因子を**ブロック因子**という．ブロック間のばらつきは大きく，ブロック内の誤差が小さくなるようなブロックの設定を工夫する．ブロック因子としては，実験日，原料のロット，作業者，農事試験の圃場の区切りなどがある．変量因子として扱うべき因子であり，その水準に再現性はないので水準を指定しても実務的な意味はない．

「ブロック因子と実験因子（母数因子）との交互作用はないとする」というのが一般的な説明であるが，そうすると，上記の質問となる．

上記質問に対しては，次のように考えるとよい．ブロック因子と実験因子との交互作用が仮にあったとしても，ブロック因子は変量因子で水準に再現性がない．そのため，実験者はその水準を指定できない．すなわち，これは誤差であると考えるのである．

Q49 分割法の積極的な使い方はあるのでしょうか．

A49 分割法（split plot design）とは，実験因子により実験の場をいくつかに分け，無作為化する方法である．

分割法を用いる場合には，実験のやりやすさや効率など経済的な利点を狙って活用する事例として一般に説明されている．例えば，要因配置実験で水準の変更が困難な因子を含む場合に，すべての水準の組合せを完全無作為化することを避ける．まず，水準の変更が困難な因子・水準について無作為化し，次にその水準のなかで他の因子，水準の組合せを無作為化するのが分割法である．

そのほかに，ここで述べるように，実験の狙いに直結するよう分割法自体の利点を積極的に活かす事例もあり，こちらの使い方もお勧めしたい．例を挙げる．

樹脂成形品の衝撃強度の改良実験で，成形用樹脂の重合工程における因子A（重合工程）の効果はある程度わかっており，因子Aよりは，後工程である成形工程での因子Bの主効果と$A×B$の交互作用を知りたい．そのうえ，原料樹脂となるポリマーはロット間の重合度のばらつきが大きく，重合度が成形品の衝撃強度に影響を与えることが経験的にわかっているとする．もし，実験を完全無作為化すると，効果のわかっている因子Aの検出力と効果を知りたい因子Bや$A×B$の検出力を同等に配慮したことになる．しかし，分割法を用いることにより，固定されたAの各水準でBの水準による実験を無作為化できる．ここで述べる積極的な分割法の用い方は，一般に，1次因子（効果のわかっている因子A）の検出力は低下するが，2次因子（効果を知りたい因子Bや$A×B$）の検出力は上がる．

Q50 シックスシグマと実験計画法の関係を教えてください．

A50 1980年代の半ば，モトローラ社によって日本的経営（当時のTQC：全社的品質管理）をもとにして，それを欧米式にリニューアルして生まれた経営手法がシックスシグマである．GE社が効果を上げて脚光を浴び，日本の企業も逆輸入するところが急増した．ここでいうシックスシグマは，語源的に統計用語でいうσの6倍に由来するが，10億分の2という不良率を直接的に示すようなものではない．シックスシグマは，「儲かるためには何をすればよいか，その課題に対する改善活動を指す」と考えたほうがよい．

経営にとって大切なもののなかから，優先順位をつけて改善活動の目的変数を適切に選び，COPQ（Cost Of Poor Quality：品質不良による損失額），COQ（Cost Of Quality：品質確保のための費用）といった金額換算を行い，VOC（Voice Of Customer：お客様の声）をベースとするCTQ（Critical To Quality：重要要因）を明確にして成果を上げることを狙いとする．

このなかで，実験計画法（シックスシグマではDOEとよばれる）の果たす役割は大きい．数多いCTQのなかから，とくに重要な要因（VF：Vital Few）を選び，その最適水準を求めることが不可欠となるからである．このような観点から，目的変数も，強度，収率といった一般の工学的な特性値ではなく，クレーム損金，工程ロス金額，単位店舗面積当たりの売上高，1人当たりの営業利益といったものが主体となる場合が多い．ちなみに，日本流TQMのPDCA（Plan→Do→Check→Act（Action））は，シックスシグマでは，MAIC（Measure→Analyze→Improve→Control）とよばれている．

Q51 官能検査[5])におけるSchefféの一対比較法を教えてください．

A51

(1) 官能検査とは

官能検査とは，人間の感覚によって行う検査のことである．例えば，食品について感覚的な性質を挙げると，外観，匂い，味，テクスチャなどがあり，このうちテクスチャについて詳しく見ると，かたさ，なめらかさ，弾力性，…と多くの特性がある．食品の特徴を表現するためには，これらの特性について取り上げる必要がある．

官能検査には，人間の感覚を計器として物の特性を測定するⅠ型の検査と，人間の感覚そのものを測定するⅡ型の検査がある．

Ⅰ型のテストは，人間の感覚を計器の代用とする．例えば，工程管理における不純物の検出や，きずやよごれの検査，炉の温度を色で測定する場合などが挙げられる．これらは，「人間の感覚のほうが機械より精度が高く，経済的」「人間の感覚に代わる機器が存在しない」などの理由で広く用いられている．

Ⅱ型のテストは，例えば，匂いや味に関する人間の感覚や，嗜好性を問題とする場合であり，人間の感覚そのものを対象とした検査である．

このように官能検査は目的によって大きく2つの型に分けられる．型が違っても，用いる手法はあまり変わらないが，官能検査の判定人（panel：パネル）に対する考え方は異なる．すなわち，Ⅰ型では訓練された少数のパネルが必要であり，逆に，Ⅱ型のテストでは商品に対する専門的な知識は基本的に不要であり，一般の消費者からランダムに選ばれた多くのパネルによるべきであろう．

官能検査において，パネルが感覚を表現する際に尺度を用いる場合には，用いる尺度によって評価が異なることがあるため，尺度の選び方にも注意を払う．

尺度値を数量化するところでは，計量心理学的方法が用いられる．2項型テスト，順位法，一対比較法，評点法などが挙げられる．そのなかで，一対比較法について次節で述べ，そのなかの代表例としてシェッフェ(Scheffé)の方

---

5) 官能試験，官能評価ともいう．

法[6]について簡単に説明する．

（2） 一対比較法の特徴

　順位による検定では，処理の優劣の順番はわかるが，各処理間の効果にどれほどの違いがあるかという「離れ具合（位置の違い）」についての情報は得られない．一対比較法では，この処理間の離れ具合を定量的に表現することを可能とする．しかしながら，処理の組合せだけでなく順序も考慮するので，実験数はかなり多くなってしまう．

　このように，一対比較法を用いれば，処理の位置に関する情報と，処理間の位置の差を同時に評価でき，処理間の差がわずかである場合には特に有効な方法といえる．

　一対比較法には，ここで紹介するシェッフェの方法以外に，サーストン（Thurstone）の方法，シェッフェの変法，ブラッドレー（Bradley）の方法などがある．

　比較する処理がt水準あるとき，シェッフェの方法は，試料を対にし，次のように解析する．例えば，T_iとT_jとの組合せに対し，パネルの半数は$T_i \to T_j$の順で判定し，残りの半数は逆に$T_j \to T_i$の順で判定する．人数の少ないときには全員が両方とも判定してもよい．

　この際，後のものを基準にして，先のものがどの程度おいしいかどうか（良いか，悪いか）を，差がないという±0を中心に，例えば，+2，+1，0，-1，-2の5段階の評点を与える．

（3） シェッフェの方法とその実験計画モデル

　一対比較法は，t種の処理に対して，各$(T_i \sim T_j)$間の優劣を比較するのであるが，その組合せの数は，$C = \begin{pmatrix} t \\ 2 \end{pmatrix} = \dfrac{t(t-1)}{2}$となる．いま，$T_i$を先にして，$T_j$を後にした場合，$l$人目パネルの評点の添字を$ijl$で表すと，評点$y_{ijl}$のデータの構造は，$y_{ijl} = (\alpha_i - \alpha_j) + \gamma_{ij} + \delta_{ij} + e_{ijl}$となる．

---

[6] Scheffé, H., J.Am.Stat.Ass., **47**, p.381, 1952.

第 2 部　実験計画法 100 問 100 答

ここで，処理効果(主効果)，組合せ効果(交互作用)，順序効果，誤差を，それぞれ，α_i，γ_{ij}，δ_{ij}，e_{ijl}と表す．誤差は個々のパネルの評価のばらつきや実験誤差を含んだものであり，正規分布に従うとする．また，これらのパラメータには次のような制約条件がある．

$$\sum_{i=1}^{t} \alpha_i = 0, \quad \sum_{j=1}^{t} \gamma_{ij} = 0, \quad \gamma_{ij} = -\gamma_{ji}, \quad \delta_{ij} = \delta_{ji}, \quad e_{ijl} \sim N(0, \sigma^2)$$

解析の手順，分散分析，推定については他書を参照されたい[7]．

Q52　タグチメソッドと伝統的な実験計画法には何か違いがあるのでしょうか．

A52　組立産業における実験や，パラメータ設計を中心に田口らが推奨する一連の実験計画法に関する手法がある．これは一般の実験計画法と区別するためか，特別にタグチメソッドとよばれている．

タグチメソッドも，Fisherによって導入された伝統的な実験計画法と基本的な考え方は違わない．しかし，まったく違いがないわけでもない．例えば，伝統的な実験計画法では，交互作用を主効果と同様に要因効果の1つとしてとらえ，直交表実験における割付けにおいても，必要とする交互作用の現れる列を確保する．これに対し，タグチメソッドでは，もし交互作用があれば，実際に消費者が使用する場で，生産者が消費者の使用条件を管理することができず，製品品質を保証できないことになるから，交互作用の現れない実験を工夫すべきであるとしている．したがって，存在しないとはいえない交互作用であっても，直交表にはそれを検出するための割付けを行わず，主効果のみの割付けで実験することも行われる．しかし，交互作用を無視しているのではないことに注意すべきである．このような実験を行ったときは，分散分析をして最適条件における母平均を推定し，その条件で今一度確認のために実験を行い，直交表

---

[7]　詳細については『統計的官能検査法』(佐藤　信，日科技連出版社)などがある．

実験の解析結果と対比する．両者が一致すれば，結果的に交互作用はなかったとみなせるから，安心して製品を市場に出せる．逆に，一致しなければ交互作用が存在するから前記した品質保証ができないと考えるのである．

また，伝統的な実験計画法では，因子(主効果と検出すべき交互作用)を割り付けない，いわゆる誤差列を何列か確保するが，タグチメソッドでは必ずしも誤差列を確保することを行わず，全列に因子を割り付けてしまうことさえある．検定に際しては，平方和の小さかった列に割り付けた因子の要因効果がなかったものと考え，これを誤差列とみなす．タグチメソッドは，このような考え方自体に特徴があるともいえるが，むしろ，直交表実験などにおける直積実験(第1部の**2.2.5項**参照)，一部追加法，あるいは，L_{18}などの2水準因子と3水準因子の混在した混合系や殆直交表による実験，ならびに，パラメータ設計における特性値の選び方やSN比など，手法的な価値を重視すべきと考えられる．

Q53 非直交計画にも使えて，計算の途中経過がわかるような統計解析ソフトを教えてください．

A53

実験計画法に関する一般的セミナーでは，まず，手法を理解し，実際に手計算をして体験的に習得する．ついで，実現場で解析ソフトを用いて実務に役立てるやり方を推奨している．

非直交計画を中心に幅広い場面で使用でき，実務にすぐに役立つ解析ソフトとして，『実務に使える 実験計画法』(松本哲夫ら，日科技連出版社)で，Excelのマクロ機能を活用した専用ソフトを提供している．このソフトは，汎用的な一つの手順で分散分析や区間推定などを定型的に行えるようになっており，手順を示すボックスを順次クリックしていくと解析が進む．計算手順を理解できるよう，途中経過も表示される．汎用ソフトのように中身を知らなくも計算できるわけではないが，教育面にも配慮されたソフトである．

このツールは日科技連出版社HP(http://www.juse-p.co.jp/)から自由にダウンロードできるようになっており，その使い方と活用方法についてもダウンロードできるようになっていて便利である．

第5章 回帰分析

Q54
単回帰分析で，各水準での繰返し数は揃える必要があるのでしょうか．

A54
結論を先に述べると，揃える必要はない．

ある x_0 に対する母回帰 $\eta_0 = \beta_0 + \beta_1(x_0 - \bar{x})$ の推定値は，$\hat{\eta}_0 = y_0 = \hat{\beta}_0 + \hat{\beta}_1(x_0 - \bar{x})$ で与えられる．ここで，$\hat{\eta}_0$ は次の正規分布に従う．

$$\hat{\eta}_0 \sim N\left(\eta_0, \ \left\{\frac{1}{n} + \frac{(x_0 - \bar{x})^2}{S_{xx}}\right\} \sigma^2\right) \qquad (n は実験総数)$$

ここで，σ^2 を V_e で置き換えると，

$$\frac{\hat{\eta}_0 - \eta_0}{\sqrt{\left\{\frac{1}{n} + \frac{(x_0 - \bar{x})^2}{S_{xx}}\right\} V_e}}$$

が自由度 $n-2$ の t 分布に従う．したがって，区間推定は，

$$\hat{\eta}_0 \pm t(n-2, \ \alpha) \sqrt{\left\{\frac{1}{n} + \frac{(x_0 - \bar{x})^2}{S_{xx}}\right\} V_e}$$

で求めることができる．この式から，信頼区間は x_0 の位置によって異なり，$\bar{x}$ から遠ざかるほど広くなっていき，x_0 が $\bar{x}$ のときに最も狭くなる．

ここで，全実験数を10としたとき，図5.1のA，Bどちらの実験計画がよいか，考えてみよう．回帰分析の結果により，推定値の分散は前記の式で与えられる．これを実験の計画時点で利用することを考える．実験総数が一定であるとすると，V_e は勝手に小さくはできないので，計画時点で推定値の分散を小さくするには，$S_{xx} = \sum_i (x_i - \bar{x})^2$ を大きくするしかない．直線性の仮定に相応の

第 5 章　回帰分析

図5.1　4つの実験計画

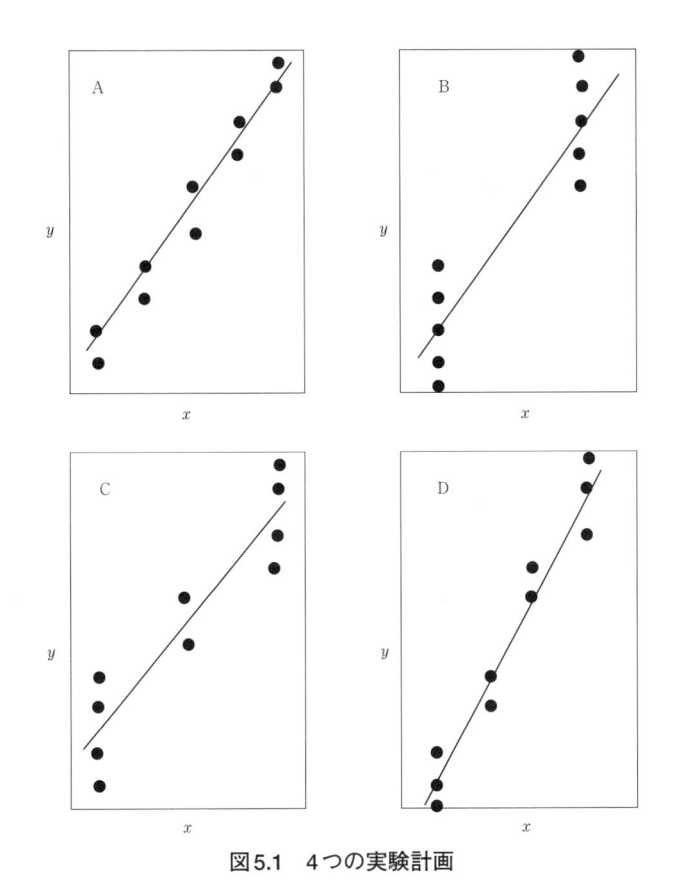

自信があれば，実験点を両端に集中するBの計画が望ましい．しかし，直線性の仮定が正しいとすることに不安があるときはBの計画は採用しにくい．したがって，直線性の確信の度合いによって，両端の実験点の一部をその内側に入れていくのが実務に即している．直線性の仮定にまったく自信がなければ，Aの計画のようになる．ある程度自信があれば，両端に4点ずつ，真ん中に2点といったCの計画，場合によっては，Dの計画なども視野に入れるとよい．このように，水準数と各水準での実験の繰返し数は状況により変更してもよく，必ずしも揃える必要はない[1]．

1）　詳細は，『実用実験計画法』(松本哲夫ら，共立出版)を参照されたい．

Q55
原点を通るか否かの検定で有意にならなかったとき，原点を通るとして回帰式を $y=\beta_1 x$ と考えてもよいのでしょうか．

A55
母回帰式 $\hat{\eta} = \hat{\beta}_0 + \hat{\beta}_1(x-\bar{x})$ の分散 $\left\{\dfrac{1}{n}+\dfrac{(x-\bar{x})^2}{S_{xx}}\right\}\sigma^2$ は，$x=\bar{x}$ において $Var(\hat{\eta})=Var(\hat{\beta}_0)=\dfrac{1}{n}\sigma^2$ となり最も小さくなる．したがって，$x=0$ での切片に特別の意味がない限り，$x=\bar{x}$ で検定する．すなわち，母切片 (β_0) の検定では，検定統計量として(1)式を用いて検定する(自由度は $\phi=n-2$)．

$$t_0 = \frac{\hat{\beta}_0 - \beta_{00}}{\sqrt{\dfrac{V_e}{n}}} \tag{1}$$

さて，y 軸切片における母回帰の検定では，$x=0$ とした(2)式を用いることになる．とくに回帰直線が原点を通るか否かを検定したいときには，(3)式となる．

$$t_0 = \frac{\hat{\beta}_0 - \bar{x}\hat{\beta}_1 - \beta_{00}}{\sqrt{\left(\dfrac{1}{n}+\dfrac{\bar{x}^2}{S_{xx}}\right)V_e}} \tag{2}$$

$$t_0 = \frac{\hat{\beta}_0 - \bar{x}\hat{\beta}_1}{\sqrt{\left(\dfrac{1}{n}+\dfrac{\bar{x}^2}{S_{xx}}\right)V_e}} \tag{3}$$

(3)式の検定を行い，結果が有意でなければ，$x=0$ での切片が「0でないとはいえない」と消極的に主張することになる．しかし，このことをもってただちに $y=\beta_1 x$ としてはならない．この形のモデルを採用したい場合は，$y=\beta_1 x$ の形でのモデルにもとづいて，改めて最小2乗法を適用する必要があることに注意する[2),3)]．

回帰が有意であるとすると，$y=\beta_0+\beta_1 x$ と，$y=\beta_1 x$ の2つの式が得られた

ことになる.どちらも統計的に意味のある式なので,どちらの式が正しいかという議論ではなく,実験者が,どちらのモデルを採用するかという固有技術的な判断から決定する.

Q56 数量化の方法について教えてください.

A56 自然現象はもちろん,とくに社会現象へ回帰分析の適用の場を拡大していくには,計数的因子の取扱いの手段を知っていると便利である.数量化理論については,応答変数と説明変数のどれが計数的因子となるかによって,第Ⅰ類から第Ⅳ類の4つに分かれている.以下では,数量化理論第Ⅰ類のアウトラインについて説明する.すなわち,応答変数yが計量的因子,説明変数の1つが計数的因子,他の説明変数が計量的因子である場合について,計数的因子の計量化(数量化)の方法を述べる.なお,計数的因子は複数であっても構わない.

(1) 計数的因子の表現方法

応答変数yは計量的因子で,計量的因子群の水準と計数的因子の水準組合せで設定される各実験点ij ($i=1, 2, \cdots, t, j=1, 2, \cdots, s$) で$n$回ずつ繰り返され,合計$N=tsn$個のデータがある場合を考える.説明変数としては,$x_1, x_2, \cdots, x_p$の$p$個が計量的因子で,さらに$p+1$番目の説明変数として$x_{p+1}$なる計数的因子を考える.すなわち,$N$個のデータが$x_{p+1}$について$s$個のカテゴリに分類できるとき,$x_{p+1}$に代えて,$\delta_{ij(m)}$というダミー変数を導入する.

$$\delta_{ij(m)} = 1 : y_{ijk}がカテゴリ m (m=1, 2, \cdots, s)に含まれるとき$$

---

2) $y=\beta_1 x$の時のβ_1は$\hat{\beta}_1 = \dfrac{\Sigma x_i y_i}{\Sigma x_i^2}$で推定され,$y=\beta_0+\beta_1 x$のときの

$\hat{\beta}_1 = \dfrac{S_{xy}}{S_{xx}} = \dfrac{\Sigma(x_i-\overline{x})(y_i-\overline{y})}{\Sigma(x_i-\overline{x})^2}$とは一般に異なる.

3) 詳細は,『応用実験計画法』(楠正ら,日科技連出版社)を参照されたい.

$\delta_{ij(m)} = 0 : y_{ijk}$ がカテゴリ m に含まれないとき

このとき,データの構造は,次式となる.

$$y_{ijk} = \beta_0 + \beta_1 x_1 + \beta_2 x_2 + \cdots + \beta_p x_p + \sum_m \beta_{p+1(m)} \delta_{ij(m)} + e_{ijk} \qquad (1)$$

ここで,β_0 は母切片を表し,β_1,β_2,$\cdots$,β_p はそれぞれ説明変数 x_1,x_2,$\cdots$,x_p 群(計量的因子)に対応する回帰係数を表す.また,$\beta_{p+1(m)}$ は計数的因子 x_{p+1},すなわち,$\delta_{ij(m)}$ に対応する回帰係数である.

(2) 数量化による解析

多くの場合,データがただ一つのカテゴリに,そして,そのカテゴリだけに含まれるので,$\delta_{ij(m)}$ には制約条件,$\sum_m \delta_{ij(m)} = 1$ ($i = 1, 2, \cdots, t, j = 1, 2, \cdots, s, m = 1, 2, \cdots, s$)が付加される.正規方程式をつくってそれを解くと,カテゴリ自体の数は s 個であるが,この制約式により母数にはムダが生じているので,一般性を失うことなく,$\beta_{p+1(s)} = 0$ とし,添え字 m を $1, 2, \cdots, s$ ではなく,$1, 2, \cdots, s-1$ と考え,正規方程式をつくる段階で母数のムダを省いておく.

(3) 例題による解説

以下の例を用いて,2元配置の分散分析,重回帰分析,線形推定・検定論による方法と対比して,数量化の方法を具体的に説明する.

【例題】 ポリマーの色調 y(単位なし)を制御するために,因子 A(重合反応時に添加する改質剤の添加量で,基準値100ppmに対する±量を表す:単位ppm)と因子 B(助剤の添加量で,基準値15ppmに対する±量を表す:単位ppm)を検討することにした.効果が直線応答か否かが不明な因子 A については水準を5水準($a = 5$)とし,効果が直線応答であることがわかっている因子 B については2水準($b = 2$)とした.繰返しは2回($n = 2$)とした(実験条件とデータは表5.1のデータ表を参照).

第5章 回帰分析

表5.1 データ表

Fullモデル

	β_0	β_1	β_2	
	1	2	3	data
1	1	-100	-5	-0.9
2	1	-100	-5	-1
3	1	-100	5	0.8
4	1	-100	5	0.7
5	1	-50	-5	0.1
6	1	-50	-5	0.3
7	1	-50	5	1.7
8	1	-50	5	1.9
9	1	0	-5	1.1
10	1	0	-5	0.9
11	1	0	5	2.8
12	1	0	5	2.6
13	1	50	-5	2.2
14	1	50	-5	2
15	1	50	5	3.7
16	1	50	5	3.5
17	1	100	-5	3.4
18	1	100	-5	3.1
19	1	100	5	4.6
20	1	100	5	4.9

① 分散分析による方法（通常の実験計画モデル）

データの構造を次式のように考え，通常の方法により分散分析すると表5.2が得られる．

$$y_{ijk} = \mu + \alpha_i + \beta_j + (\alpha\beta)_{ij} + e_{ijk}, \quad i = 1 \sim 5, \; j = 1 \sim 2, \; k = 1 \sim 2$$

$$e_{ijk} \sim N(0, \sigma^2)$$

表5.2 分散分析表1

sv	ss	df	ms	F_0	検定	p値（上側）
要因 A	40.492	4	10.123	460.136	**	0.000
要因 B	12.800	1	12.800	581.818	**	0.000
要因 $A \times B$	0.040	4	0.010	0.455		0.767
誤差 e	0.220	10	0.022			
合計	53.552	19				

② 重回帰分析による方法

データの構造は次式であり，通常の方法により分散分析すると**表5.3**が得られる．

$$y_{ijk} = \beta_0 + \beta_1(x_{Ai} - \overline{x_A}) + \beta_2(x_{Bi} - \overline{x_B}) + e_{ijk}$$
$$i = 1 \sim 5, \ j = 1 \sim 2, \ k = 1 \sim 2, \ e_{ijk} \sim N(0, \ \sigma^2)$$

得られた回帰式は，$\hat{\eta} = 1.92 + 0.0201x_A + 0.160x_B$ である．

表5.3 分散分析表2

sv	ss	df	ms	F_0	検定	p値（上側）
回帰	53.201	2	26.601	1288.3433	**	0.000
残差	0.351	17	0.021			
計	53.552	19				

③ 線形推定・検定論による方法

データの構造は次式であり，通常の方法により分散分析すると，**表5.4**の結果が得られる．

$$y_{ijk} = \beta_0 + \beta_1(x_{Ai} - \overline{x_A}) + \beta_2(x_{Bj} - \overline{x_B}) + e_{ijk}$$
$$i = 1 \sim 5, \ j = 1 \sim 2, \ k = 1 \sim 2, \ e_{ijk} \sim N(0, \ \sigma^2)$$

表5.4の分散分析表3は，残差は同じであるが，回帰の平方和が分離されている点で②の重回帰分析の分散分析表2（**表5.3**）とは少し違っている[4]．また，**表5.4**の分散分析表3は，**表5.2**の分散分析表1と比べると，2水準である因子Bの平方和とX_Bの回帰による平方和は一致しているが，5水準の因子Aの平方和とX_Aの回帰による平方和は一致していない．Aの平方和は自由度が4で，直線からの当てはまりの悪さ（自由度3）の分を含んでいるからである．**表5.3**，**表5.4**の残差は，**表5.2**の純粋誤差と，無視した交互作用の平方和，そして当てはまりの悪さ（40.492 − 40.401 = 0.091）を合わせたものとなっている．

---

[4] 2元配置実験は繰返し数が等しいと直交計画になっているので，**表5.4**の分散分析表3で x_A と x_B の平方和は直交分解されている．

表5.4 分散分析表3

分散分析表3

sv	ss	df	ms	F_0	検定
X_A	40.401	1	40.401	1956.744	＊＊
X_B	12.8	1	12.8	619.943	＊＊
e	0.351	17	0.020647		
計	53.552	19			

得られた回帰式は，②重回帰分析と同じく，
$$\hat{\eta} = 1.92 + 0.0201 x_A + 0.160 x_B \tag{a}$$
である．

④ 数量化による方法

因子Bは計量的因子であったが，これが計数的因子であったと仮定して，因子Bを数量化して解析し，計量値としての解析結果と比較してみる．このとき，$t = 5$, $s = 2$, $n = 2$で，データの構造は次式である．

$$y_{ijk} = \beta_0 + \beta_1 (x_{Ai} - \overline{x_A}) + \sum_m \beta_{2(m)} \delta_{ij(m)} + e_{ijk}$$
$$i = 1 \sim 5,\ j = 1 \sim 2,\ k = 1 \sim 2,\ m = 1 \sim 2,\ e_{ijk} \sim N(0,\ \sigma^2)$$

ここで，表5.5のデザイン行列1では，$\beta_{2(1)}$に関する第3列のB_1水準のデータはダミー変数$\delta_{ij(1)}$が1，B_2水準のデータはダミー変数$\delta_{ij(1)}$が0となっている．すなわち，$\delta_{ij(1)}$は，基準値－5ppmの場合を1，基準値＋5ppmの場合を0とおいたことになる．一方，$\beta_{2(2)}$に関する第4列ではダミー変数$\delta_{ij(2)}$が第3列の逆となっている．

表5.5のデザイン行列において，第1列は第3列と第4列の和になっていることが明白であるから，母数にムダのあることがわかる．したがって，第4列を省いて表5.6のデザイン行列2（Fullモデル）を考える．

表5.6のデザイン行列2から，表5.7の正規方程式2，逆行列2を求め，表5.8の結果が得られる．分散分析表は，③線形推定・検定の結果と同じである（Fullモデル，Reducedモデルについては，Q66参照）．

表5.5 デザイン行列1

Full モデル

	β_0	β_1	$\beta_{2(1)}$	$\beta_{2(2)}$	data
	1	2	3	4	
1	1	−100	1	0	−0.9
2	1	−100	1	0	−1
3	1	−100	0	1	0.8
4	1	−100	0	1	0.7
5	1	−50	1	0	0.1
6	1	−50	1	0	0.3
7	1	−50	0	1	1.7
8	1	−50	0	1	1.9
9	1	0	1	0	1.1
10	1	0	1	0	0.9
11	1	0	0	1	2.8
12	1	0	0	1	2.6
13	1	50	1	0	2.2
14	1	50	1	0	2
15	1	50	0	1	3.7
16	1	50	0	1	3.5
17	1	100	1	0	3.4
18	1	100	1	0	3.1
19	1	100	0	1	4.6
20	1	100	0	1	4.9

表5.6 デザイン行列2(Reducedモデルは省略)

Full モデル

	β_0	β_1	$\beta_{2(1)}$	data
	1	2	3	
1	1	−100	1	−0.9
2	1	−100	1	−1
3	1	−100	0	0.8
4	1	−100	0	0.7
5	1	−50	1	0.1
6	1	−50	1	0.3
7	1	−50	0	1.7
8	1	−50	0	1.9
9	1	0	1	1.1
10	1	0	1	0.9
11	1	0	0	2.8
12	1	0	0	2.6
13	1	50	1	2.2
14	1	50	1	2
15	1	50	0	3.7
16	1	50	0	3.5
17	1	100	1	3.4
18	1	100	1	3.1
19	1	100	0	4.6
20	1	100	0	4.9

第5章 回帰分析

表5.7 正規方程式2と逆行列2（Reducedモデルは省略）

正規方程式 a_{ij} と積和 B_i
Full モデル

20	0	10	38.4
0	100000	0	2010
10	0	10	11.2

逆行列 c_{ij}／正規方程式の解 $\hat{\theta}$
Full モデル

0.1	0	−0.1	2.72
0	0.00001	0	0.0201
−0.1	0	0.2	−1.6

表5.8 分散分析表4

分散分析表4

sv	ss	df	ms	F_0	検定
X_A	40.401	1	40.401	1956.744	**
X_B	12.8	1	12.8	619.943	**
e	0.351	17	0.020647		
計	53.552	19			

得られた回帰式は，

$$\hat{\eta} = 2.72 + 0.0201 x_A - 1.60 x_B \tag{b}$$

である．

この式は，②重回帰分析や③線形推定・検定論の場合と違って見えるが同じ式である．x_Aは同じであるが，前者ではx_Bが添加量そのものを表すのに対し，数量化では，x_Bのかわりに$\delta_{ij(m)}$を用いているため，1か0を表すことに注意しよう．実際に計算してみると，№1の実験の推定値は，以下のように同じ値となる．

　　（a）式による推定（x_Aは$=-100$，$x_B=-5$）

　　　　$\eta = 1.92 + 0.0201 \times (-100) + 0.160 \times (-5) = -0.89$

　　（b）式による推定（x_Aは$=-100$，$\delta_{ij(1)}=1$）

　　　　$\eta = 2.72 + 0.0201 \times (-100) - 1.60 \times 1 = -0.89$

Q57 回帰診断とは何でしょうか．

A57
次の4つの例はいずれもほぼ同じ回帰式が得られる有名なアンスコム（Anscombe）の数値例である[5]（表5.9）．

それぞれをプロットして図に示すと一目瞭然であるが，回帰分析を適用してよいのは a の例だけである．回帰式を求め，分散分析を行い，寄与率を求めたりするなど，数値面の解析だけでは不十分なことが理解できる．

回帰の妥当性は，第一にデータを図示し，そのプロットを見て判断する（図5.2）．残差のヒストグラムを作成したり，基準化残差を目的変数にして残差プロットを行うことも重要である．これらは回帰診断の一例である[6]．

表5.9 ほぼ同じ回帰式が得られる数値例

No.	a		b		c		d	
	x_1	y_1	x_2	y_2	x_3	y_3	x_4	y_4
1	10	8.04	10	9.14	10	7.46	8	6.58
2	8	6.95	8	8.14	8	6.77	8	5.76
3	13	7.58	13	8.74	13	12.74	8	7.71
4	9	8.81	9	8.77	9	7.11	8	8.84
5	11	8.33	11	9.26	11	7.81	8	8.47
6	14	9.96	14	8.10	14	8.84	8	7.04
7	6	7.24	6	6.13	6	6.08	8	5.25
8	4	4.26	4	3.10	4	5.39	19	12.50
9	12	10.84	12	9.13	12	8.15	8	5.56
10	7	4.82	7	7.26	7	6.42	8	7.91
11	5	5.68	5	4.74	5	5.73	8	6.89
$\bar{x}$	9.0		9.0		9.0		9.0	
$\bar{y}$	7.5		7.5		7.5		7.5	
S_{xx}	110.0		110.0		110.0		110.0	
S_{yy}	41.27		41.27		41.23		41.23	
S_{xy}	55.01		55.00		54.97		54.99	

---

[5] Anscombe, F.J., *Graphs in statistical analysis*, **27**, pp.17-21, American Statistician (1973)
[6] 詳細は，『実務に使える　実験計画法』（松本哲夫ら，日科技連出版社）を参照されたい．

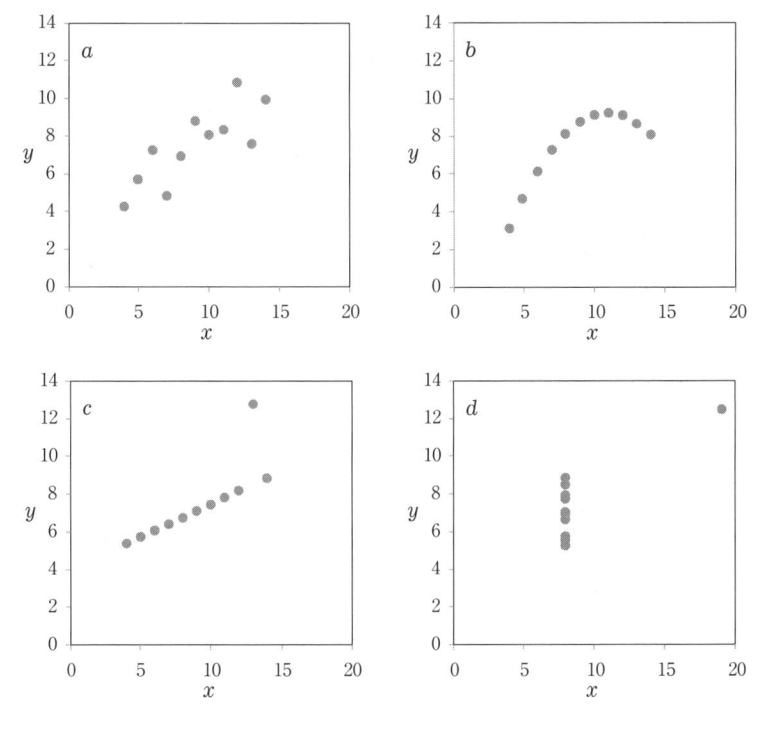

図5.2 各データの散布図

Q58 回帰の逆推定に際しての留意点は何でしょうか．

A58 説明変数xの値から目的変数yを推定するのが，通常の回帰分析における推定の問題である．逆に，特定の応答値y_0を与える（与えた）xを推定することを回帰による**逆推定**という．

ある製品の強度を平均でy_0に調整したいとして，今後の生産条件xを推定することは逆推定にあたる．また，ある物質の既知濃度$x_i (i = 1, 2, \cdots, a)$で応答$y$を測定して得た回帰直線を用い，濃度が未知の試料での応答y_0から未知濃度xを推定する**校正問題**も逆推定の例である．

得られた回帰式 $\hat{\eta} = \bar{y} + \hat{\beta}_1(x - \bar{x})$ の左辺の $\hat{\eta}$ を指定された y_0 に，右辺の x を未知の $\hat{x}$ とおき，$\hat{x}$ について解くと $\hat{x}$ の点推定値が得られる．$\hat{x}$ の区間推定推定も可能であるが，かなり複雑になる．寄与率が低いときや，誤差が大きいときは，信頼区間の幅がかなり広くなり，実務上の意味が薄くなるので注意を要する[7]．

Q59 相関関係と因果関係の違いを説明してください．

A59

x と y に相関関係があるということは，必ずしも因果関係の存在を意味しない．例えば，ある z があって，それが x と y の双方に正の影響を与えていたとしたら，結果的に，x と y には，見かけ上，正の相関関係が現れることになる．一方，z が変化せず，他の原因のために y が変動しても，x は変動しない．したがって，フィールドデータや日報などから得たデータからの因果関係を含む推論には注意を要する．

この z のような影響を避けて x と y の直接的な因果関係を調べたい場合は，x を意図的に変化させ，実験計画的にデータをとって y の変化をみるとよい．

以下に，実験計画的なアプローチが困難な場合において，過去のデータから因果関係を解析する手段を紹介する．これには，パス解析，共分散構造分析やグラフィカルモデリングなどの手法が提案されており，以下に，パス解析の手順の概要を述べる．

① 固有技術的な知見にもとづいて因果関係の構造の仮説を立て，変数間の因果関係について，有向グラフを用いてパスダイアグラムに表現する．グラフィカルモデリングのための解析ソフトCGGMなどが利用できる．

② 変数間の因果関係を構造方程式で記述する（共変量，中間特性，隠れた要因による誤差を含む）．

---

[7] 詳細については『応用実験計画法』（楠正ら，日科技連出版社）を参照されたい．

③ 因果関係の上流から逐次，構造方程式の各式の標準偏回帰係数(パス係数)と寄与率を重回帰分析によって求める．
④ 観測変数(顕在因子)だけでなく，パスダイアグラムに取り上げた隠れた変数(潜在因子)については因子分析によって解析し，因子得点を他の観測変数のデータとともに重回帰分析を行う．
⑤ 以上の③④の手順を一括して共分散構造分析を行う．
⑥ パス係数の大きさ，各構造方程式の寄与率の大きさを解釈し，変数の選択，追加を行う．
⑦ 制御因子，共変量，中間特性の役割をふまえて因果関係の構造を同定し，予測，制御，プロセスの改善などに反映させる．

パスダイアグラムと構造方程式の一例を**図5.3**に示す[8]．

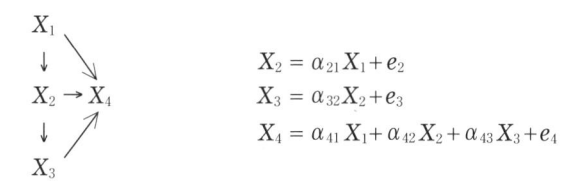

$$X_2 = \alpha_{21}X_1 + e_2$$
$$X_3 = \alpha_{32}X_2 + e_3$$
$$X_4 = \alpha_{41}X_1 + \alpha_{42}X_2 + \alpha_{43}X_3 + e_4$$

図5.3 パスダイアグラムとその構造方程式の例

Q60 相関分析と回帰分析との違いを教えてください．

A60 xとyのそれぞれを正規分布に従う確率変数とみなし，xとyの間に2次元正規分布を仮定して相互の関係をみるのが相関分析である．これに対して回帰分析は，一方の説明変数(独立変数)から他方を目的変数(従属変数：正規分布に従う確率変数)として表現するものである．原因系である説明変数が正規分布に従う確率変数の場合も，確率変数でない場合(実験計画により水準指定する場合)にも適用できる．すなわち，回帰分

---

8) 詳細については『統計的因果推論—回帰分析の新しい枠組み』(宮川雅巳，朝倉書店)を参照されたい．

析のほうが適用範囲は広いといえる．

Q61 直交多項式の利点を教えてください．

A61

1元配置分散分析において，因子xと特性yの間に直線回帰が妥当な場合，単回帰モデルをあてはめる．そして，水準値以外の母回帰を推定したり将来得られるであろうデータを予測したりすることができる．しかし，曲線回帰のあてはめが必要な場合には不十分であり，例えば，$x_1 \to x$, $x_2 \to x^2$, $x_3 \to x^3$, …などとおいて重回帰分析（特に多項式回帰とよぶ）を行う．

一方，実験計画モデルにおいて因子の水準が等間隔で，しかも，各水準の繰返し数が等しいときは，直交多項式[9]を用いることができる．直交多項式は，特性の変動をxの次数ごとに分解し解析することができ，曲線回帰のあてはめが必要な場合にも対応可能である[10]．

例えば，3水準の水準値$x = x_1, x_2, x_3$が等間隔なら，xの1次式，2次式の適当な変換によって$Z_1 = -1, 0, 1$, $Z_2 = 1, -2, 1$とできる．Z_1はxのyへの直線効果，Z_2は曲線的な効果を表すが，Z_1, Z_2の3つの値の和は0であり，両者の積和も0である．すなわち，両者は直交し（直交対比：Q65を参照），Z_1, Z_2による正規方程式の係数行列は対角行列となる．したがって，通常の重回帰分析のように計算の煩わしい逆行列を求める必要はない．単に，正規方程式の対角要素を逆数にするだけで逆行列となる．このように，多項式回帰に直交性を利用した解析を直交多項式という．

直交多項式では，1次的な直線的応答に始まり，2次的な曲面的応答，より高次のあてはまりの悪さへと逐次検討できる．この点において，直交多項式にはあてはめたモデルを技術的に解釈しやすい（技術的な見通しがよい）という利

---

9) 森口繁一（編），『日科技連数値表（B）』，p.22，日科技連出版社（1956）
10) 水準が等間隔でない場合も直交多項式をつくることは可能である．ただし，一般式として示すことは困難である．

第 5 章　回帰分析

点がある．すなわち，一般の重回帰分析ではモデルのフィッティングに重きがおかれているが，直交性を利用することで，直線的応答と曲線的応答とを切り離して技術的解釈を加えることができる．

　以前は，手計算での対応にも便利であったためよく用いられたが，パソコンなどで手軽に統計解析ソフトが利用できるようになった現在，あまり用いられていない[11]．

---

11) 詳細は，『応用実験計画法』(楠正ら，日科技連出版社)を参照されたい．

第6章　一般線形モデル

Q62 異常値とはどのようなものでしょうか．

A62 外れ値＝異常値ではない．外れ値があった場合には，そのデータが出た異常の原因を精査したうえで，異常を示す明らかな根拠があれば異常値としてデータから除いてもよい．しかし，そうでないときは，安易に排除したり，データの欠測としてしまうことがないように注意しよう．

　外れ具合を示す定量的な指標としてスチューデント化残差がある．これは残差を$\sqrt{V}$，すなわち，標準偏差の推定量（Q88参照）で割ったものである．ここで，対象とする外れ値がi番の観測値とすると，これを除くすべての観測にもとづく$\sqrt{V}$を推定量として用いる場合を「外部スチューデント化残差」(externally studentized residual)という．また，i番の観測値を含めた$\sqrt{V}$を用いる場合を，「内部スチューデント化残差」(internally studentized residual)という．

Q63 欠測値への対処はどうしたらよいのでしょうか．

A63 仮説・検証，費用対効果，実験の実質的な所要時間，サンプル数など，事前に綿密に計画を立てて実験を行ったとしよう．しかし，結果的に，不可抗力で**欠測値**が発生し，再実験も困難となってしまうことがある．また，実験そのものが実施困難な条件となったとき，あ

るいは，明らかに実験結果がよくないと予測できたときなど，意図的に実験を省略したり，実験の実施を回避したい場合もある．

欠測値となった場合，最も良い方法は実験をやり直すことである．どうしても再試験ができないとき，仮に通常の方法を用いれば，欠側値に適切な平均値を入れることなどが考えられる[1]．どういった平均値を用いればよいのかは状況によるので，一般的に与えることができない．欠測値に残りのデータの平均値などを入れれば，厳密な方法とはいえないが，一般的な検定，推定を行って，その結果を考察することはできる．しかし，直交性が崩れていることから数理統計学的に厳密性を欠くのは当然の結果である．

このような場合，すなわち欠測値がある場合にも，「**線形推定・検定論**」を用いれば，一般線形モデル（GLM）にもとづいて理論的に適切な検定や推定ができる（Q56参照）．

Q64 正規方程式の手計算による解法について説明してください．

A64

母数にムダがない場合，Excelなどの表計算ソフトを用いて逆行列を計算すればよい（Q81参照）が，母数にムダがあると逆行列が求まらないために計算できない．

手計算の方法としてGauss-Doolittleの方法が知られているので，A（3水準），B（2水準）の5実験（A_3B_2が欠測）である表6.1を用いて説明する．

① 左に正規方程式（制約条件を含む）を書き，右に正規方程式の解として単位行列を書く．

② 最終的に正規方程式が単位行列となるように，演算の欄の計算を順次行っていく（これは一意的なものではない）．この演算と同じ演算を右の単位行列にも行っていけば，左の正規方程式が単位行列となったときに

---

[1] 欠測値の扱いについては，古くはYatesの方法（誤差分散が最小となるような推定値で欠測値を埋める）がある．簡単な方法としては，残りのデータの平均値を入れる方法や，回帰モデルを適用するなど種々の方法がある．

表 6.1　Gauss-Doolittle の方法

式No	正規方程式 μ	α_1	α_2	α_3	β_1	β_2	演算	式No	正規方程式の解 μ	α_1	α_2	α_3	β_1	β_2
②	5	2	2	1	3	2		②	1	0	0	0	0	0
③	2	2	0	0	1	1		③	0	1	0	0	0	0
④	2	0	2	0	1	1		④	0	0	1	0	0	0
⑤	1	0	0	1	1	0		⑤	0	0	0	1	0	0
⑥	3	1	1	1	3	0		⑥	0	0	0	0	1	0
⑦	2	1	1	0	0	2		⑦	0	0	0	0	0	1
⑧	0	1	0	1	0	0		⑧						
⑨	0	0	1	1	1	0		⑨						
⑩	5	0	2	−1	1	0	②−⑧×2−⑨×2	⑩	1	0	0	0	0	0
⑪	2	2	0	0	0	1	③−⑨	⑪	0	1	0	0	0	0
⑫	2	0	2	0	0	1	④−⑨	⑫	0	0	1	0	0	0
⑬	1	0	0	1	1	0	⑤	⑬	0	0	0	1	0	0
⑭	3	1	1	0	3	0	⑥−⑧	⑭	1	0	0	0	1	0
⑮	2	1	1	−1	0	2	⑦−⑧	⑮	0	0	0	1	0	1
⑯	6	0	2	0	2	0	⑩+⑬	⑯	1	0	0	1	0	0
ⓐ	12	−2	0	3	0	0	⑯×3−⑭×2	ⓐ	3	1	0	3	−2	0
ⓑ	0	2	0	−1/2	3	0	⑪−ⓐ/6	ⓑ	−1/2	1	0	−1/2	1/3	0
ⓒ	0	0	2	−1/2	0	0	⑫−ⓐ/6	ⓒ	−1/2	0	1	−1/2	1/3	0
ⓓ	0	0	0	3	0	0	ⓐ−⑩×3+⑭	ⓓ	0	0	0	1	−1	0
ⓔ	0	0	0	−3/4	3	0	⑭−ⓐ/4	ⓔ	−3/4	0	0	−3/4	3/2	0
ⓕ	0	0	0	−1/2	0	2	⑮−ⓐ/6+ⓓ/3	ⓕ	−1/2	0	0	1/2	0	1
1	1	0	0	0	0	0	ⓐ/12	1	1/4	0	0	1/4	−1/6	0
2	0	1	0	0	0	0	ⓑ/2	2	−1/4	1/2	0	−1/4	1/6	0
3	0	0	1	0	0	0	ⓒ/2	3	−1/4	0	1/2	−1/4	1/6	0
4	0	0	0	1	0	0	ⓓ/3	4	0	0	0	1	−1/3	0
5	0	0	0	0	1	0	ⓔ/3	5	−1/4	0	0	−1/4	1/2	0
6	0	0	0	0	0	1	ⓕ/2	6	−1/4	0	0	1/4	0	1/2

右に現れる行列が正規方程式の解となっている．

③ 結果は一意的に定まるものではないが，Q68に述べるように，推定したい母数の線形式については同じ結果を与える．

Q65 直交対比とは何でしょうか．

A65 例えば，繰返し数の等しい2元配置では，$S_{AB} = S_A + S_B + S_{A \times B}$ が成り立つ．これは，平方和が直交分解されていることを意味し，数理統計学の対比という考えを用いてうまく説明できる．いま，データセット $y_i (i = 1, 2, \cdots, N)$ において，j 番目の対比を $L_{(j)}$ で表し，(A.1)式と書く．y_i について線形になっているということから，これを**線形対比**(linear comparison, linear contrast)，または，単に**対比**という．

$$L_{(j)} = \sum_i c_{ij} y_i = c_{1j} \times y_1 + c_{2j} \times y_2 + \cdots + c_{Nj} \times y_N \tag{A.1}$$

ここで，c_{ij} は対比の係数，N はデータ数を表す．$L_4(2^3)$ 直交表について，水準記号1を"+1"，水準記号2を"−1"と書き換えて(A.1)式を書き下すと，(1)，(2)，(3)列にそれぞれ割り付けられた因子 A, B, $A \times B$ について(A.2)式の対比が得られる．

$$\left.\begin{array}{l} L_{(1)} = (+1) \times y_1 + (+1) \times y_2 + (-1) \times y_3 + (-1) \times y_4 \\ L_{(2)} = (+1) \times y_1 + (-1) \times y_2 + (+1) \times y_3 + (-1) \times y_4 \\ L_{(3)} = (+1) \times y_1 + (-1) \times y_2 + (-1) \times y_3 + (+1) \times y_4 \end{array}\right\} \tag{A.2}$$

$c_{11} = +1$, $c_{21} = +1$, $c_{31} = -1$, $c_{41} = -1$

重要なポイントを対比という観点から見直してみる．第1は，それぞれの対比の係数 $c_{ij}(j = 1, 2, 3)$ の和は0，すなわち，$\sum_i c_{ij} = 0$ となっていることである．さらに，水準記号 $(1, -1)$ がそのまま対比となっており，絶対値が1であるので，係数の2乗和はデータ数に等しい．

対比はあるデータセットに対して，いくつでもつくることができる．そし

て,任意の2つの対比における係数の積和が0になるような対比の組を考えることができる.このような対比は,データセットの全自由度と同じ数だけしかつくれない.データ数が4だと,例えば(A.2)式のように3つつくることができるが,4つはつくれない.このように,互いに,$\sum_i c_{ij} c_{ij'} = 0 (j \neq j')$となっている対比を**直交対比**という.直交対比を用いることによって,直交表(もちろん,一般的な要因配置実験でも)における平方和の分解をうまく説明することができる.対比は,その絶対値が大きいほど,対応する要因効果が大きいといえるから,(A.3)式で対比の2乗$S_{L(j)}$を定義することができる.すると,$S_{L(j)}$はそれぞれ自由度1の直交分解された対比の2乗を与える.

$$S_{L(j)} = \left\{ \sum_i c_{ij} y_i \right\}^2 = (c_{1j} y_1 + c_{2j} y_2 + \cdots + c_{Nj} y_N)^2 \quad (A.3)$$

(1)列に割り付けられた因子Aについて,より具体的に(A.3)式を書き下すと,$c_{11} = +\frac{1}{2}, c_{21} = +\frac{1}{2}, c_{31} = -\frac{1}{2}, c_{41} = -\frac{1}{2}$として,次式となる.

$$S_{L(j)} = \left\{ \sum_i c_{ij} y_i \right\}^2 = \left(\frac{1}{2} \times y_1 + \frac{1}{2} \times y_2 - \frac{1}{2} \times y_3 + \frac{1}{2} \times y_4 \right)^2$$
$$= \frac{\{(y_1 + y_2) - (y_3 + y_4)\}^2}{4} = S_A \quad (\phi_{L(1)} = \phi_A = 1)$$

係数c_{ij}を$\pm \frac{1}{2}$としたので,$\sum c_{ij}^2 = 1$となっている.このように,対比の係数c_{ij}の2乗の和が1,すなわち,$\sum c_{ij}^2 = 1$となっている対比を**基準対比**という(この場合,直交対比ともなっているので,**直交基準対比**という).結果として,c_{ij}は,水準記号$(1, -1)$を,データ数の平方根$\sqrt{N} = \sqrt{4} = 2$で割ったものとなっていることがわかる(**Q29**参照).

Q66 非直交計画では，平方和の計算に，TypeⅠ～Ⅳの考え方が示されています．これらの違いを説明してください．

A66 一般線形モデル（GLM）を応用して非直交計画の分散分析を行う方法について述べる．2つの因子A（a水準）とB（b水準）をとりあげ，AとBの各主効果と$A×B$の交互作用について分析するとしよう．そして，AとBの水準組合せab個のセルのなかに少なくとも1個の観測値がある場合について説明する[2]．

繰返し数が不揃いの多元配置実験など，非直交計画の場合，一般に，A，B，$A×B$の各平方和と誤差平方和の合計は総平方和に等しくならない．このとき，平方和の計算の仕方に関しては，Yatesをはじめいろいろの方法が提案されている．ここでは，SAS統計分析のGLMにならって4つのタイプ（TypeⅠ～TypeⅣ）をとりあげて説明する．

① TypeⅠ

平方和の合計が総平方和になることを第一とする．すなわち，逐次的に要因効果を導入していき，そのときの残差平方和の逐次的な減少分をそれぞれ要因効果に対応する平方和とする．仮に，A，Bの順と仮定すれば，まずAの主効果だけのモデルで解析する．次にAとBの主効果だけのモデルを求め，Aの主効果を引いたものをBの主効果とする．AとBの交互作用はAとBの主効果，AとBの交互作用がすべて揃ったモデルを求め，そこからAとBの主効果を引いて求める．

この方式は，要因効果を導入する順序が自然に定まる場合，あるいは，技術的に重要度の順がわかっている場合に適する．しかし，次の欠点もある．それは，ある因子の水準間で他の因子に関して不釣り合いがあっても，AまたはBの効果に含まれてしまうため，仮に有意となっても，その交絡の影響である可能性が残ってしまうことである．

---

[2] 詳細は，『パソコン統計解析ハンドブック Ⅴ』（田中ら，共立出版）などを参照されたい．

② Type Ⅱ

Type Ⅰ の末尾で述べた欠点を除去するため，各平方和は他のすべての**適当な効果**をもとに求める．適当な効果とは，当該効果に関係する交互作用以外のすべての主効果と交互作用の意味である．例えば，主効果 A に対応する平方和を考えるときには，$A \times B$, $A \times C$, $A \times B \times C$, … といった A を含む交互作用以外の効果が該当する．ここの例では，$A \times B$ の交互作用以外の残り，すなわち，B の主効果のみが適当な効果に相当する．また，交互作用 $A \times B$ に対応する平方和を考えるときには，$A \times B \times C$, $A \times B \times D$, … といった $A \times B$ を含む交互作用を除いた残りが適当な効果に相当する．

③ Type Ⅲ

各平方和を当該効果と関係のある交互作用も含めて，他のすべての効果で調整して求める．Type Ⅱ ではセル度数の影響が考慮されるが，Type Ⅲ では考慮されない．セル度数の違いに意味があるなら Type Ⅱ，そうでないなら Type Ⅲ が適している．A と B の水準組合せに空セルがある場合，交互作用 $A \times B$ を含むモデルを用いてこのタイプの分析を行うと，A や B の主効果に対応する平方和が意味のないものになったりするおそれがある．

④ Type Ⅳ

Type Ⅰ～Ⅲ による平方和が1つの基本モデル（**Full モデル**）の残差平方和と，それから当該効果を除いたモデル（**レデュースドモデル：reduced model** とよぶ）に対応する残差平方和の差から求めている．一方，Type Ⅳ による平方和は，F 検定，尤度比検定のような一般的な検定にもとづいて求める．

このタイプの検定の良い点は，A, B の各水準組合せに空セルがある場合にも，そのセルを避けて解釈のはっきりした意味のある対比をつくることができる点であるが，同時に，対比の取り方に任意性が生まれて，検定結果も一意的でないため，注意を要する．

⑤ まとめ

以上，Type Ⅰ～Ⅳ までを紹介した．Type Ⅰ は自然に順序が決まる場合を

除き，あまりすすめられない．主効果だけのモデルを考えるときにはTypeⅠを除いて一致するので，TypeⅠ以外のどれを使っても同じである．

交互作用も考慮したモデルの場合，空のセルがなければTypeⅡかⅢを選択すればよい．TypeⅠ，Ⅱでは平方和がセル度数に関係するが，TypeⅢでは関係しないので，セル度数の違いを考慮しないならTypeⅢ，考慮するならTypeⅡという判断基準も有用である．また，空セルのあるときには，TypeⅢの効果の解釈が困難になる場合がある．また，TypeⅣでは，対比のとり方に任意性があり，検定結果も一意的でない．

以上のことから，本書では，**TypeⅡの考え方**を基本にしている．実験で繰返し数が揃ったデータをとれば，セル度数が等しくなるから，すべてのTypeの結果は一致する．

Q67 平方和は自由度1まで分解できると聞きましたが，どのようなことでしょうか．

A67 Q65で直交対比について説明したが，ここでも，改めて，平方和の直交分解についての基本について述べる．

一般に，t個のデータ，もしくは，標本平均$\bar{y}_{1\cdot}, \bar{y}_{2\cdot}, \cdots, \bar{y}_{t\cdot}$の1次式

$$L = \sum c_i \bar{y}_{i\cdot} = c_1 \bar{y}_{1\cdot} + c_2 \bar{y}_{2\cdot} + \cdots + c_t \bar{y}_{t\cdot}$$

において，

$$\sum c_i = c_1 + c_2 + \cdots + c_t = 0$$

が満たされるとき，Lは対比となる．

$\sum c_i = 0$は，$\mu_i (i = 1, 2, \cdots, t)$に関して実験者の意図する何らかの比較を意味するものであるが，少なくとも1つは$c_i \neq 0$であって，$\sum c_i = 0$が成り立つ限り，係数はどのような値であってもよく，実験者の意図によって自由に決

めてよい．また，1つのデータセットについていくつかの対比を考えてもよい．

例えば，(1)3水準の比較について，「A_1 と A_2, A_3 の平均とを比較する対比①：$c = 1, -1/2, -1/2$」と，「A_2, A_3 だけを比較する対比②：$c = 0, -1, 1$」を考えることができる．また，直交多項式(**Q61**)のように，(2)大きさの順に並ぶ定量的因子の等間隔の3水準で，「1次直線的効果を表す対比③：$c = -1$, $0, 1$」と「2次曲線的効果を表す対比④：$c = 1, -2, 1$」などを考えることができる．

$T_{1\cdot}$, $T_{2\cdot}$, $\cdots T_{t\cdot}$, がそれぞれ n 個のデータの合計，$\bar{y}_{1\cdot}$, $\bar{y}_{2\cdot}$, $\cdots$, $\bar{y}_{t\cdot}$, が n 個のデータの平均であるとして，

$$S_L = \frac{nL^2}{\lambda^2} = \frac{n(\sum c_i \bar{y}_{i\cdot})^2}{\lambda^2} = \frac{(\sum c_i T_{i\cdot})^2}{n\lambda^2} \quad (ただし，\lambda^2 = \sum c_i^2)$$

を**対比 L の平方和**とよぶ．S_L の自由度は1で，$\bar{y}_{1\cdot}$, $\bar{y}_{2\cdot}$, $\cdots$, $\bar{y}_{t\cdot}$ 全体の平方和の一成分である．ここで，$\lambda^2 = 1$ のものは基準対比である．

S_L は，例えば係数を $c = 1/2, 1/2, -1$ としても，それぞれを2倍して $c = 1, 1, -2$ としても変わらない．$c_i (i = 1, 2, \cdots, t)$ の相対比が S_L を決定し，係数は，対比の意味がよく理解できるように設定すればよい．繰返しがなく，$n = 1$ なら，$\bar{y}_{i\cdot}$ も $T_{i\cdot}$ も1個のデータ y_i を表す．

2つの対比 $L_1 = \sum a_i \bar{y}_{i\cdot}$ と $L_2 = \sum b_i \bar{y}_{i\cdot}$ があり，係数の積和が $\sum a_i b_i = 0$ のとき，対比 L_1 と L_2 は直交するという．例示した対比①と対比②，対比③と対比④は直交するが，例えば対比②と対比③は直交しない．$\bar{y}_{1\cdot}$, $\bar{y}_{2\cdot}$, $\cdots$, $\bar{y}_{t\cdot}$ の全平方和が自由度 $t - 1$ の S で，$t - 1$ 個の対比 L_1, L_2, $\cdots$, L_{t-1} が互いに直交するように設定できるなら，S はそれぞれ自由度1の平方和成分 $S_{Lj} (j = 1, 2, \cdots, t - 1)$ の和として，$S = S_{L_1} + S_{L_2} + \cdots + S_{L_{t-1}}$ の形に分解される．これを**対比による平方和の直交分解(直交対比による平方和の分解)**という．

対比①の例として，抽出溶媒を検討する試験で，**図6.1**のような結果を得たとしよう．因子 A(A_1 は低級アルコール，A_2 と A_3 は高級アルコール)の効果は有意であった．しかし，グラフを見ると，A_1 と A_2, A_3 の平均には差がありそうだが，A_2, A_3 間には差がないように見える．そこで，「A_1 と A_2, A_3 の平均とを比較する対比①：$c = 1, -1/2, -1/2$」と，「A_2, A_3 だけを比較する直交対比②：$c = 0, -1, 1$」を考える．すなわち，全体として自由度2の A の平方

第6章　一般線形モデル

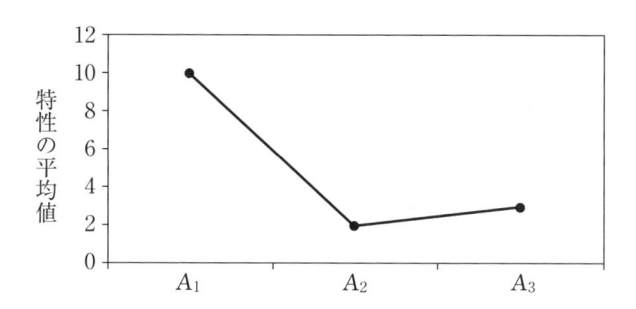

図6.1　3水準の因子Aの水準ごとの平均値のグラフ

和を，それぞれ自由度1の2つの平方和に直交分解する．その結果，この2つの平方和のうち，対比①が有意，対比②が有意でなかったら，A_1 と A_2, A_3 の平均には差があり，A_2, A_3 間には差があるとはいえないとなる．よって各水準間の有意差をより明確に示すことができる．なお，この例のように，A_1 と A_2, A_3 の間に物理的な対応(この例のほかに，芳香族化合物/脂肪族化合物，国内メーカ部品/海外部品，男/女など)が存在することを背景とするのがよい．

Q68　正規方程式の解と逆行列とは同じものではないのでしょうか．

A68　母数に関する制約条件がある場合，**1次従属の関係にある(母数のムダがある)**という．逆に，従属関係が存在せず，各母数は互いに独立な関係にある場合は，前記の一次従属の関係に対して，**1次独立の関係にある(母数のムダがない)**という．

母数のムダがある場合には，正規方程式の解と逆行列は同じものではない．一方，母数のムダがない場合には，正規方程式の解と逆行列が一致する．

母数にムダがない場合，正規方程式に逆行列が存在するので，例えば，Excelの関数を用いて定型的に正規方程式の解を求めることができる(Q81参照)．

母数にムダがあっても，制約条件を用いることで，**母数のムダを省く**ことが

できる．実験計画モデルを採用した場合，通常は，デザイン行列より作成した正規方程式には，母数のムダがある．この母数のムダを制約条件によりあらかじめ解消しておく．そうすれば，正規方程式からただちに逆行列として正規方程式の解が得られる．あらかじめ，母数のムダをなくさないで正規方程式を解いて解を得ようとすると，制約条件を正規方程式に加えて解く必要があり，煩雑になる（**Q64**参照）．

　母数にムダがある場合の解は，正規方程式の解ではあるが，逆行列となっているわけではなく，また，一意的に定まるわけでもない．制約式は解きやすいように自由に加えてよいが，制約式が異なると，各母数の推定値は異なることがある．注意してほしいのは，**推定可能な母数の線形式**の推定値とその分散，および，残差平方和は，制約式のいかんによらず一致することである．推定可能な母数の線形式とは，構造モデルの全要素を含む推定値，例えば，$\mu + \alpha_i + \beta_j$やその加減による推定値$\alpha_i - \alpha_{i'}$などをいう．

　なお，母数のムダに関しては，擬因子法，アソビ列法，組合せ法，直和法などの複雑な実験計画であっても，母数因子については，要因配置実験と同様に対処できる．そのときに関係するアソビ列や反復などは，変量因子として扱うべき場合が多い．便宜上，母数因子として扱えば，あらかじめ母数のムダをなくして解析することができる．

第7章 その他

Q69 ノンパラメトリックは検出力が低いという話がありますが，本当でしょうか．

A69 必ずしもそうとは限らない．一般的にノンパラメトリック検定（分布形によらない検定手法）の検出力の低下はわずかであるといわれている[1]．例えば，t 検定と比較した場合の Wilcoxon 検定による効率を実験数で表したとき，その損失は5%程度であったとの報告もある[2]．

一方，ノンパラメトリック検定には異常値の影響を受けにくいという利点がある．データを用いた具体例を示そう．表7.1のデータは，訓練方法の異なる2グループ（各5名）の400m走のタイムを記したHajekの例である．t 検定では $p = 0.706$ で有意でないのに対して（表7.1），Wilcoxon 検定（順位和検定）では，10%有意に近い $p = 0.117$ である（表7.2）．

表7.1　400m走のタイムの例

	Time(s)				
グループ1	49.3	48.7	48.1	48.6	48.2
グループ2	47.4	47.9	47.5	50.8	48.0

$t_0 = 0.391$，t 検定（両側）の有意確率：$p = 0.706$

---

1) Jerrold H. Zar, *Biostatistical Analysis*, Fifth edition, Pearson Education, p.162, 2010.
2) E. L. レーマン（著），鍋谷清治，刈谷武昭，三浦良造（共著），『ノンパラメトリックス 順位にもとづく統計的方法』，森北出版（1978）

表7.2 400m走のタイムを順位に変換したデータ

	Time（順位）				
グループ1	9	8	5	7	6
グループ2	1	3	2	10	4

Wilcoxonの検定の有意確率：$p = 0.117$

ノンパラメトリック検定は種類も多いので，画一的に述べるのは困難だが，パラメトリック検定と比べ，利点がいくつかある．それぞれの特徴を理解して使い分けるのがよい．

第1部の2.3.4項にノンパラメトリックの特長を示してあるので読み返してほしい．

Q70 JIS Z 8401にある数値の丸め方とは何でしょうか．

A70

JIS Z 8401：1999を例に数値の丸め方を説明する．JIS Z 8401では，一般にいう四捨五入とは少し異なっている．例として，数値が12.xxx…で与えられるとすると以下のようになる．

① "丸める"とは，与えられた数値を，ある一定の丸めの幅の整数倍がつくる系列のなかから選んだ数値に置き換えることである．この置き換えた数値を丸めた数値とよぶ．

② 丸めの幅を0.1とすると，①にいう系列は以下のようになる．

12.1 12.2 12.3 …

③ 与えられた数値に最も近い整数倍が1つしかない場合は，それを丸めた数値とする．

12.223なら12.2，12.251なら12.3，12.275なら12.3となる．

④ 与えられた数値に等しく近い，2つの隣り合う整数倍がある場合には，偶数倍のものを選ぶ．

12.25なら12.2，12.35なら12.4である．

⑤ 丸めることは1回しか行ってはならない．12.251は12.3と丸めるのであって，まず12.25と丸めてから，さらに12.2と丸めることはしてはならない．

Q71 分割表において，独立性の検定と一様性の検定の違いを説明してください．

A71
（1） 独立性の検定

表7.3は，ある部署で160人の健康調査を行ったときの性別と健康状態（「健康」か「不健康（何らかの不健康理由がある）」）から得られた分割表（クロス表ともいう）である．

表7.3 健康状態と性別表

	男性	女性	合計
健康	5	51	56
不健康	27	77	104
合計	32	128	160

このとき，以下の仮説のもと，χ^2検定が利用できる．

帰無仮説　$H_0: \pi_{ij} = \pi_{i.} \times \pi_{.j}$

（π_{ij}はセル確率，$\pi_{i.}$と$\pi_{.j}$は行と列の周辺確率）

対立仮説　$H_1: \pi_{ij} \neq \pi_{i.} \times \pi_{.j}$

すなわち，健康状態と性別との間には何ら関係がないという帰無仮説を立てることになる．これをクロス表による**独立性の検定**とよぶ．

（2） 一様性の検定

例えば，2ラインA_1, A_2によって製造された製品から，それぞれ56個，104個をサンプリングし，色調によって2ランク（T_1, T_2）に分類した結果も表7.4のようなクロス表として表すことができる．2ラインA_1, A_2は仕様として同じラインとする．ここでの関心は独立性の検定のようにラインと色調に関連があ

表7.4 ラインと製品ランク表

	T_1	T_2	合計
A_1	5	51	56
A_2	27	77	104
合計	32	128	160

るかではなく，同じラインであるはずのA_1，A_2で色調が本当に同じ，つまり一様なのかということになる．帰無仮説H_0は「2ライン間で製品の色調の出方が一様である」，対立仮説H_1は「2ライン間で製品の色調の出方が一様でない」となる．この検定をクロス表による**一様性の検定**という．

独立性の検定（健康診断の例：**表7.3**）では160という全度数が定まり，それを2つのカテゴリで4つに分類したが，**表7.4**ではラインに関する周辺度数56，104が定まり，それをT_1，T_2に分類した．すなわち，独立性の検定では，男性か女性か，あるいは，健康か不健康かといったことに確率が想定できた．これに対し，一様性の検定（ライン検査の例）では，ラインA_1，A_2には確率が考えられない点で本質的に異なっている．しかしながら，解法として両者を区別する必要はなく，同じ手順で検定ができる．

Q72　$m \times n$分割表の自由度が，$(m-1)(n-1)$となるのはなぜでしょうか．

A72　$m \times n$分割表で排反事象の総数はmnであるから，仮説でP_{ij}がすべて指定されていればχ^2の自由度は$mn-1$である．ただし，これらP_{ij}はすべて推定値で代用されるので，$P_{i\cdot}$で$(m-1)$個，$P_{\cdot j}$で$(n-1)$個の推定が必要になり，自由度は次のようになる．

$$(mn-1)-(m-1)-(n-1) = mn-1-m+1-n+1$$
$$= mn-m-n+1$$
$$= (m-1)(n-1)$$

Q73 分割表は，なぜカイ2乗検定できるのでしょうか．

A73 　分割表は，度数(頻度)をまとめたもので，観測される分割表は離散値からなり，連続的な値をとる確率事象とは異なり，Fisherの直接確率法(正確確率法ともいう)によって計算する．しかし，分割表の自由度(データ数)が多いと，その計算が大変になる場合がある．

その場合には，下記の尤度比統計量を用いた検定を行う．n_i, e_i, nは，それぞれ，セル度数，セル期待度数，試行総数を表す．

$$\sum_{i=1}^{k} \frac{(n_i - e_i)^2}{e_i} \sim -2 \ln \lambda \quad (i = 1, 2, \cdots, k)$$

ここで，$\hat{\theta}_i$ を θ_i の最尤推定量，$\hat{\theta}'_i$ を H_0 が正しいときの最尤推定量としたときの尤度比 λ は，

$$\lambda = \frac{L(X, \hat{\theta}'_i)}{L(X, \hat{\theta}_i)} \quad である．$$

このとき，ある条件の下で，確率変数 $-2\ln\lambda$ の分布は，$n \to \infty$ の場合，近似的に χ^2 分布に従い，その自由度は仮説 H_0 が決める母数の数である[3]．前記の統計量を χ^2 分布の確率値と比較して有意差を判定する．これをPearsonの χ^2 検定といい，分割表の適合度検定，一様性，独立性の検定などに用いられる．このほか，さまざまな統計量の近似的な検定にも用いられている．

実用的には，サンプル数が50以上の場合にはPearsonの χ^2 検定，それ以下ではFisherの直接確率法を用いる．なお，最尤推定についてはQ84を参照されたい[4]．

---

[3]　この証明は長くなるので，ここでは省略する．証明に興味のある読者は，数理統計学の専門書，例えば，『入門数理統計学』(P.G.ホーエル(著)，浅井晃，村上正康(訳)，培風館)などを参照されたい．

[4]　尤度比検定については，『実務に使える　実験計画法』(松本哲夫ら，日科技連出版社)を参照されたい．

Q74 Yatesの補正とは何でしょうか．

A74
二項検定において，サンプル数が少ない場合は，二項分布にもとづいて正確な確率が求まるが，サンプル数が多くなると計算が大変になる．そこで，データが多い場合には正規分布への近似を利用した計算式で近似値（漸近有意確率）を求める．

どの程度データが多ければ漸近近似が利用できるかについて厳格な基準はない．ただし，Y が $B(n, \pi)$ に従うとき，$n\pi \geq 5$，かつ，$n(1-\pi) \geq 5$ であれば Y は漸近的に平均 $n\pi$，分散 $n\pi(1-\pi)$ の正規分布に従うことが知られている[5]．

漸近確率を求めるための規準化した統計量 U の計算式は次のとおりである．ここで，分子に0.5をプラス／マイナスしているのは，離散分布を連続分布に近似したときの精度を向上するために行っており，これを**連続修正**とよぶ．

$$U_1 = \frac{y + 0.5 - n\pi}{\sqrt{n\pi(1-\pi)}} \quad \text{（数が少ないほうのカテゴリが検定比率以下）} \tag{1}$$

$$U_2 = \frac{y - 0.5 - n\pi}{\sqrt{n\pi(1-\pi)}} \quad \text{（数が少ないほうのカテゴリが検定比率以上）} \tag{2}$$

2×2 分割表において χ^2 検定を適用する場合の検定統計量 χ_0^2 を計算する際にも Yates の連続補正を行うことがある．

分割表とは各サンプルが2種類以上の項目について分類されて得られた度数表のことをいう．この分割表をもとにして，統計的仮説検定をする際に，χ^2 検定が適用される（**Q73**参照）．このとき，各サンプルがそれぞれのクラスに属する割合は2個以上の層または母集団，例えば，作業方法別，機械別，製造方

---

[5] **Q95**で述べる中心極限定理によると，Y_i ($i = 1, 2, \cdots, n$) が平均 $n\pi$，分散 $n\pi(1-\pi)$ の二項分布に従うとき，平均値 $\overline{Y}$ の分布は n が大きくなると正規分布 $N\left(\pi, \dfrac{\pi(1-\pi)}{n}\right)$ に近づく．

法別について一様であるとみてよいかどうかなどを判定する．

表7.5のような2×2分割表においては，検定統計量χ_0^2の計算は

$$\chi_0^2 = \frac{T(ad-bc)^2}{T_{1\cdot}T_{2\cdot}T_{\cdot 1}T_{\cdot 2}}$$

のように簡単になる．

表7.5　2×2分割表

	B_1	B_2	計
A_1	a	b	$T_{1\cdot}$
A_2	c	d	$T_{2\cdot}$
計	$T_{\cdot 1}$	$T_{\cdot 2}$	T

周辺度数がかなり大きければ，連続性の修正は不要である．一方，周辺度数が小さいと，χ^2分布での連続性を補正するために，次式のYatesの連続補正を使って補正した検定統計量χ_{0c}^2を適用する．

$$\chi_{0c}^2 = \frac{T\{|ad-bc|-T/2\}^2}{T_{1\cdot}T_{2\cdot}T_{\cdot 1}T_{\cdot 2}}$$

Q75　統計的判断(有意である／有意でない)と固有技術的判断とは異なってもいいのでしょうか．

A75　これは現場で悩む人が多い事例である．統計的判断を考慮しているなら，これと異なる固有技術的判断があっても構わない．

統計的判断は客観的な判断基準であり，固有技術的な判断は統計的な判定結果を十分考慮してから決めるとよい．統計的判断に拘泥する必要もないが，これを無視することもしない．長年の思い込みや，諸先輩の根拠の薄い情報などをもとにして誤った固有技術的判断がなされるおそれがある場合には，統計的判断を優先させるほうが合理的である．

Q76

以前は，修正項 CT を用いて平方和を計算していました．最近はそうしないようですが，なぜでしょうか．

A76

従来より，平方和の計算においては，手計算が簡単にできるように，①修正項を用いて総平方和を計算する方法がとられていた．近年，コンピュータの活用とそのソフトの充実に伴い，② CT を用いなくても容易に平方和を計算できるようになってきた．修正項を使わないほうが，平均値からの偏差平方和であるという平方和の意味するところを理解しやすい．1元配置実験で例示すると，①は，$S = \sum y_i^2 - CT$ （$CT = \frac{(\sum y_i)^2}{N}$）である．また，②は，$S = \sum (y_i - \bar{y})^2$ である．

Q77

複合計画における実験計画の選択について，考え方を教えてください．

A77

プロセスの最適条件を実験によって求めたい場合，因子と特性との間の関数関係がわかっていないのが普通である．したがって，少し複雑なプロセスでは，真の関数関係を求めることは至難の技といえる．しかしながら，最適条件は因子と特性との関係を実験によって推定することで可能となる場合が多い[6]．

このとき，最適条件を含むであろう範囲を片っ端から探っていければ一番よいが，因子数やその水準数が増せば実験回数の点で実用性に乏しくなる．

単因子逐次実験の不適切な面と，直交表，要因配置実験のもつ特長について**第1部の1.4節や2.1.2項**で述べた．しかし，場合によっては，水準変更を伴いながら，水準数の少ない要因配置実験と単因子逐次実験を逐次的に行っていく方法が効率的となることもある．

また，連続的事象を扱う最適値探求実験においては，回帰モデルを想定した

---

[6] 安藤貞一，朝尾正，楠正，中村恒夫，『最新実験計画法』，日科技連出版社（1973）

ほうが効果的である．真の関数関係がわかっていることは稀であるから，局部的に多項式モデルで近似する．

例えば，2因子の関与する関数を，その2因子および特性を座標軸とする空間に描く．これを応答面(response surface)とよぶ．応答面は，3D図を描くか，地図と同様に，平面上に等高線で表し，この目的関数の極値を求めればよい．

多項式近似を念頭に，適当な水準で実験を計画し，回帰係数を推定する．多くの応答面は，部分的には2次式で良好な近似を与える．一般に最適値から離れたところでは，応答面は1次成分が効き，極値では2次成分が効いてくる．現在いる地点(実験点)が，山頂や尾根に近いのか，それとも裾野にいるのかは，1次成分と2次成分の大きさの度合いによって見分けることができる．

当初は，最適値付近にいることは少ないから，1次計画(1次成分の推定に主力を置いた実験)を考え，それによって最急傾斜方向を見い出すようにする．もちろん，実験が進めば最適値付近に至るから，それが見分けられるようにしておく必要がある．

1次計画を考えるときには，1因子につき2水準の実験を考え，当てはめの悪さに言及できるように，その計画の中心点に実験点を加える．この条件で最も実験数の少ない計画に，シンプレックス(simplex)法がある．

1次成分に主力をおいた実験の結果，2次成分を考えなければならないということがわかった場合，すでに得られている実験結果を生かし，2次計画(2次成分の推定に主力をおいた実験)に移る．2次成分までの推定ができれば，それが最適値付近であるか否かの見分けがつく．また，最適値のある方向あるいはその位置を予測することができる．範囲が絞られれば，その小範囲での確認実験を行えばよい．

1次計画の実験を行い，必要が生じたら追加実験を加えて2次計画にする実験計画を**複合計画**とよぶ．追加実験を行う場合を想定し，効率的に2次成分の推定ができるように，1次計画の時点で，あらかじめそのことを計画に入れておくことが肝要である．

2次式を推定するためには，一般に実験数は多くなってしまうので，できるだけ少ない実験数で2次式が推定できるような工夫が必要である．1次計画の

実験に実験を追加して，2次計画にできれば経済的である．

　複合計画のうち，中心点，すなわち，重心が追加点によって変わらない計画を**中心複合計画**，変わるものを**非中心複合計画**とよんで区別している．解析するときには中心複合計画が望ましいが，1次計画の範囲のいずれか一方向に最適条件があれば，その方向への追加点を加えた非中心複合計画のほうが合理的である．

　一般的には，誤差の大きさが未知であるから，誤差の評価が可能なように配慮しておくべきなのはいうまでもない．

Q78 (0,1)法，逆正弦変換法などで検出力に違いはありますか．

A78
　筆者は，(0,1)法，分割表，Welchの方法，逆正弦変換法，Fisherの直接確率法の比較を数値シミュレーションにより検討したことがある[7]．その結果，2水準の1元配置では，データ数が多くなれば差はなくなるが，データ数が少ない場合は若干の差があり，(0,1)法とWelchの方法は有意と出やすく，ついで逆正弦変換法，2×2分割表，Fisherの直接確率法の順となる．

　また，多水準の1元配置では，果たして，データ数が多くなれば差はなくなるが，データ数が少ない場合は若干の差があり，逆正弦変換法が最も有意と出やすく，ついで(0,1)法と適合度検定の順となっている．

Q79 分割表とWilcoxonの検定で，後者は順序を考慮している分だけ検出力が高いと考えてよいのでしょうか．

A79
　例えば，A，B 2工場の母集団があるとしよう．分割表による検定とは，分割表をもとにして，H_0：A，B 2工場での製品のクラス(等級)に差はない(一様であるとみなしてよい)かどうかを調べる

検定手法である．一方，Wilcoxonの検定とは，2つの母集団の分布の中心位置に関して，H_0：A，B2工場の母集団の分布の中心位置は等しいかどうかを調べる検定手法である．両者は，検出するねらいが異なる点に注意が必要である．

したがって，Wilcoxonの検定は順序を考量している分，検出力が高いと考えるのではなく，検出したいことに対してふさわしいかどうかと考えるべきである．両者は検定する目的が異なるので，目的によって使い分ける．

図7.1に，順序を考慮しているWilcoxonの検定が有意にならず，分割表による検定が有意となる例を挙げる．この例の場合は，2工場間での平均等級（中心位置）は変わらないが，各級の出方には差があるため，χ^2検定では有意になり，Wilcoxonの検定では有意にならないのである．

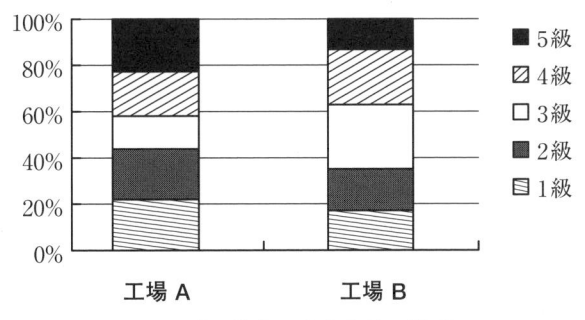

図7.1 2工場の等級の出方（％）の棒グラフ

【例題】 2箇所の工場A，Bで同じ種類のガラス製品を生産している．この製品は5等級に分類されているが，最近の2工場A，Bでの製品の等級を調査したところ，表7.6のようなデータが得られた．2工場間での製品品質の出方（等級）に差があるといえるかどうか検定してみよう．

---

7) 詳細は，「実験計画法における二値データの解析」，『日本品質管理学会第22回研究発表会要旨集』（松本哲夫，日本品質管理学会）を参照すること．データは日科技連出版社HP（http://www.juse-p.co.jp/）よりダウンロードできる．

表7.6 データ表(1)

等級	良い	←	品質	→	悪い	計
	1	2	3	4	5	
工場A	30	29	19	26	31	135
工場B	28	30	45	40	22	165
計	58	59	64	66	53	300

(1) 分割表による検定

① 仮説の設定

帰無仮説　H_0：2工場A，Bでの製品の等級に差はない．

対立仮説　H_1：2工場A，Bでの製品の等級に差がある．

② 有意水準と棄却域の設定

有意水準　$\alpha = 0.05$

棄却域　$R：\chi_0^2 \geq \chi^2(\phi, \alpha) = \chi^2(4, 0.05) = 9.49$

$\phi = (2-1)(5-1) = 4$

③ 検定統計量(計算は，表7.7，表7.8を参照)

$$\chi_0^2 = \sum_{i=1}^{2}\sum_{j=1}^{5}\frac{(x_{ij}-t_{ij})^2}{t_{ij}} \qquad t_{ij} = \frac{\sum_{i=1}^{2}x_{ij} \times \sum_{j=1}^{5}x_{ij}}{\sum_{i=1}^{2}\sum_{j=1}^{5}x_{ij}}$$

表7.7　t_{ij}表

等級	良い	←	品質	→	悪い	計
	1	2	3	4	5	
工場A	26.1	26.55	28.80	29.70	23.85	135
工場B	31.9	32.45	35.20	36.30	29.15	165
計	58	59	64	66	53	300

第7章　その他

表7.8　$\dfrac{(x_{ij}-t_{ij})^2}{t_{ij}}$ 表

等級	良い	←	品質	→	悪い	
	1	2	3	4	5	計
工場 A	0.58	0.23	3.33	0.46	2.14	6.74
工場 B	0.48	0.18	2.73	0.38	1.75	5.52
計	1.06	0.41	6.06	0.84	3.89	12.26

④　判定

$$\chi_0^2 = 12.26 > \chi^2(4,\ 0.05) = 9.49$$

H_0 は有意水準5%で棄却される．

⑤　結論

工場 A, B での製品の等級に差があるといえる．

（2）Wilcoxonによる検定

同順位のあるWilcoxonによる検定を用いる．

①　仮説の設定

帰無仮説　H_0：2工場 A, B での製品の平均的な等級に差はない．

対立仮説　H_1：2工場 A, B での製品の平均的な等級に差がある．

②　有意水準と棄却域の設定

有意水準　$\alpha = 0.05$

棄却域　$R：|u_0| \geq u(\alpha) = u(0.05) = 1.9600$

③　検定統計量（計算は表7.9を参照）

$$u_0 = \frac{W^* - E(W^*)}{\sqrt{V(W^*)}}$$

$$E(W^*) = \frac{m(N+1)}{2} = \frac{135 \times (300+1)}{2} = 20317.5$$

$$V(W^*) = \frac{mn}{12}\left\{N+1-\sum_{j=1}^{5}\frac{t_j(t_j^2-1)}{N(N-1)}\right\} = \frac{135 \times 165}{12}\left(301 - \frac{1098708}{300 \times 299}\right)$$

$$= 535994.6$$

143

表7.9 計算補助表

	等級	良い ←		品質	→ 悪い		計
		1	2	3	4	5	
(a)	工場A 工場B	30 28	29 30	19 45	26 40	31 22	135 165
(b)	計 t_j	58	59	64	66	53	300
(c)	t_jの累計	58	117	181	247	300	
	順位	1〜58	59〜117	118〜181	182〜247	248〜300	
(d)	平均順位	29.5	88	149.5	214.5	274	
(a)×(d)		885	2552	2840.5	5577	8494	$W^* = 20348.5$
$t_j(t_j^2-1)$		1950854	205320	262080	287430	148824	1098708

④ 判定

棄却域　　$R：|u_0| \geq u(\alpha) = u(0.05) = 1.9600$

⑤ 検定統計量

$$u_0 = \frac{W^* - E(W^*)}{\sqrt{V(W^*)}} = \frac{20348.5 - 20317.5}{\sqrt{535994.6}} = 0.042$$

H_0は有意水準5%で棄却されない．

⑥ 結論

工場A，Bでの製品の平均的な等級に差があるとはいえない．

（3） 両法の比較

このように，必ずしも順序を考慮したほうがいつも良いということにはならない．この例の場合は，2工場間での平均等級(中心位置)は変わらないが，各級の出方には差があるため，χ^2検定では有意になり，Wilcoxonの検定では有意にならない．

表7.6を少し変更して表7.10のようにすれば，逆に，分割表では有意ではなく，Wilcoxonの検定では有意になる．

第7章 その他

表7.10 データ表(2)

等級	良い	←	品質	→	悪い	計
	1	2	3	4	5	
工場 A	31	30	29	28	26	144
工場 B	22	28	30	36	40	156
計	53	58	59	64	66	300

Q80
Excelで数値表の計算ができると聞きました．やり方を教えてください．

A80
以下の数値をExcelで計算してみよう．

① $u(0.01) = 2.326$
② $u(0.025) = 1.960$
③ $\chi^2(6, 0.975) = 1.237$
④ $\chi^2(1, 0.05) = \{u(0.025)\}^2 = 3.841$
⑤ $t(14, 0.05) = 2.145$
⑥ $t(9, 0.01) = 3.250$
⑦ $F(8, 10 ; 0.05) = 3.072$
⑧ $u(0.05) = t(\infty, 0.10)$
⑨ $F(1, 14 ; 0.05) = \{t(14, 0.05)\}^2$
⑩ ある製品の長さが$N(140, 4^2)$に従うとき，135より小さいものを不合格とするならば，不良率は$N(140, 4^2)$の分布で135より小さい値となる確率であるから，

$$Pr(y < 135) = Pr\left(\frac{y-\mu}{\sigma} < \frac{135-\mu}{\sigma}\right) = Pr\left(u < \frac{135-140}{4} = -1.25\right)$$
$$= 0.1056$$

よって，不良率は，10.56%となる．

以上をExcel 2010の組み込み関数[8]で計算した例を表7.11に示す．

---

8) Excelのバージョンによって関数自体が異なっている場合があるので注意されたい．

表7.11　Excelでの入力式

設問	入力式	結果	別解の入力式
①	=−NORM.S.INV(0.01)	2.326	
②	=−NORM.S.INV(0.025)	1.960	
③	=CHISQ.INV(1−0.975,6)	1.237	
④	=CHISQ.INV(1−0.05,1)	3.841	=NORM.S.INV(0.025)＊NORM.S.INV(0.025)
⑤	=TINV(0.05,14)	2.145	
⑥	=TINV(0.01,9)	3.250	
⑦	=FINV(0.05,8,10)	3.072	
⑧	=−NORM.S.INV(0.05)	1.645	=TINV(0.1,1000000000)
⑨	=FINV(0.05,1,14)	4.600	=TINV(0.05,14)＊TINV(0.05,14)
⑩	=NORM.DIST(135,140,4,TRUE)	0.106	

注1) いずれの分布についても，自由度とパーセント点の入力順に注意する．
注2) 正規分布の場合は前にマイナスをつける．
注3) χ^2分布の場合は，$1-\alpha$を入力する．
注4) 自由度∞のt分布では，便宜上，自由度として10^9を入れてある．

Q81　行列の計算などもExcelでできると聞きました．やり方を教えてください．

A81　主として最小二乗法などに必要な行列関数は，①転置行列　TRANSPOSE，②逆行列　MINVERSE，③積和MMULTである．

これら行列関係の関数の実行は以下のようにする．

❶　該当行列の左上のセルに関数を入力する．
❷　そのセルからドラッグして，計算結果を入れるエリアを網掛け状態とする．
❸　F2キーを1回単押しする．
❹　Shift+Ctrlキーを押しながらEnterキーを押す．

L_8直交表による実験結果を線形推定・検定した例を**表7.12**に示すので参考にされたい．

第7章 その他

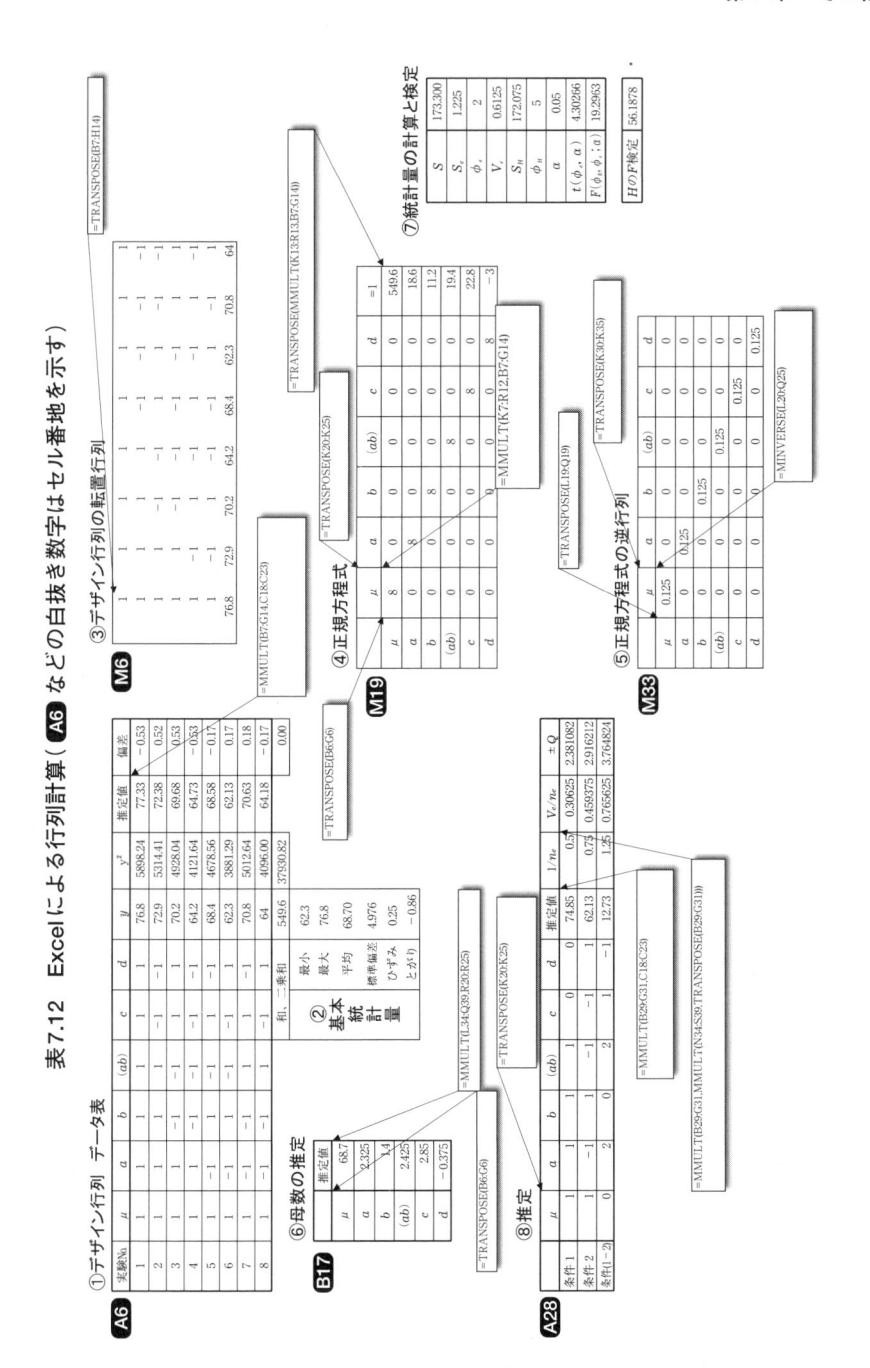

表7.12 Excelによる行列計算（ **A6** などの白抜き数字はセル番地を示す）

①デザイン行列　データ表

実験No.	μ	a	b	(ab)	c	d	y	y^2	推定値	偏差
1	1	1	1	1	1	1	76.8	5898.24	77.33	−0.53
2	1	1	1	1	−1	−1	72.9	5314.41	72.38	0.52
3	1	1	−1	−1	1	−1	70.2	4928.04	69.68	0.53
4	1	1	−1	−1	−1	1	64.2	4121.64	64.73	−0.53
5	1	−1	1	−1	1	−1	68.4	4678.56	68.58	−0.17
6	1	−1	1	−1	−1	1	62.3	3881.29	62.13	0.17
7	1	−1	−1	1	1	1	70.8	5012.64	70.63	0.18
8	1	−1	−1	1	−1	−1	64	4096.00	64.18	−0.17
						和，二乗和	549.6	37930.82		0.00

②基本統計量

最小	62.3
最大	76.8
平均	68.70
標準偏差	4.976
ひずみ	0.25
とがり	−0.86

③デザイン行列の転置行列 **M6**

1	1	1	1	1	1	1	1
1	1	1	1	−1	−1	−1	−1
1	1	−1	−1	1	1	−1	−1
1	1	−1	−1	−1	−1	1	1
1	−1	1	−1	1	−1	1	−1
1	−1	−1	1	1	−1	−1	1
76.8	72.9	70.2	64.2	68.4	62.3	70.8	64

=TRANSPOSE(B7:H14)

④正規方程式 **M19**

	μ	a	b	(ab)	c	d	=1
μ	8	0	0	0	0	0	549.6
a	0	8	0	0	0	0	18.6
b	0	0	8	0	0	0	11.2
(ab)	0	0	0	8	0	0	19.4
c	0	0	0	0	8	0	22.8
d	0	0	0	0	0	8	−3

=TRANSPOSE(K20:K25)
=MMULT(K7:R12,B7:G14)

⑤正規方程式の逆行列 **M33**

	μ	a	b	(ab)	c	d
μ	0.125	0	0	0	0	0
a	0	0.125	0	0	0	0
b	0	0	0.125	0	0	0
(ab)	0	0	0	0.125	0	0
c	0	0	0	0	0.125	0
d	0	0	0	0	0	0.125

=TRANSPOSE(L19:Q19)
=MINVERSE(L20:Q25)

⑥母数の推定 **B17**

	推定値
μ	68.7
a	2.325
b	1.4
(ab)	2.425
c	2.85
d	−0.375

=MMULT(L34:Q39,J20:J25)
=TRANSPOSE(B6:G6)

⑦統計量の計算と検定

S	173.300
S_e	1.225
ϕ_e	2
V_e	0.6125
S_H	172.075
ϕ_H	5
$t(\phi_e, \alpha)$	0.05
	4.30266
$F(\phi_H, \phi_e; \alpha)$	19.29633
HのF検定	56.1878

⑧推定 **A28**

	μ	a	b	(ab)	c	d	推定値	$1/n_e$	V_e/n_e	$\pm Q$
条件1	1	1	0	0	0	0	0.5	74.85	0.30625	0.30625	2.381082
条件2	1	−1	1	−1	0	0	62.13	0.75	0.459375	2.916212
条件(1−2)	0	2	−1	1	0	0	12.73	1.25	0.765625	3.764824

=MMULT(B29:G31,C18:C23)
=MMULT(B29:G31,MMULT(L34:S39,TRANSPOSE(B29:G31)))
=TRANSPOSE(B6:G6)

第8章 数理統計

Q82 n個のデータの平均値の分散が$\dfrac{\sigma^2}{n}$となることを示してください.

A82 $\overline{y} = \dfrac{y_1 + y_2 + \cdots + y_n}{n}$ で,各y_iは互いに独立であり,$\mathrm{Var}(y_i) = \sigma^2$とするとその分散は次のようになる.

$$\mathrm{Var}(\overline{y}) = \mathrm{Var}\left(\frac{y_1 + y_2 + \cdots + y_n}{n}\right) = \frac{1}{n^2}\mathrm{Var}(y_1 + y_2 + \cdots + y_n)$$

$$= \frac{1}{n^2}\{\mathrm{Var}(y_1) + \mathrm{Var}(y_2) + \cdots + \mathrm{Var}(y_n)\}$$

$$= \frac{1}{n^2}\{\sigma^2 + \sigma^2 + \cdots + \sigma^2\}$$

$$= \frac{1}{n^2} \times n\,\sigma^2 = \frac{\sigma^2}{n}$$

Q83 小標本の考え方をわかりやすく説明してください.

A83 大標本[1]は確実だが,実施が不可能か,できたとしても著しく効率が悪い場合が多い.小標本の考え方では,μやσ^2を未知としたうえで,限られたn個のサンプルから母集団に対する情報を得るための理論を組み立てる.

母平均の検定において，σ^2が未知の場合，u分布を用いる検定はできない．そこで，統計量から未知のσ^2を消す工夫が必要となる．確率変数Uとχ^2について，Uが標準正規分布$N(0, 1^2)$に，χ^2が自由度ϕのカイ2乗分布に従い，互いに独立であるとする．このとき，統計量$T = \dfrac{U\sqrt{\phi}}{\sqrt{\chi^2}}$の分布を考え，これを$t$分布と定義する．$T$は次のように変形でき，未知の$\sigma^2$をうまく消去できる．その結果，$u$分布と対比すると，未知の$\sigma$の代わりにデータから計算できる$\sqrt{V}$を用いた形で，$U = \dfrac{\overline{Y} - \mu}{\sigma/n}$に類似した$T$の表現ができる．

$$T = \frac{U\sqrt{\phi}}{\sqrt{\chi^2}} = \frac{\dfrac{\overline{Y}-\mu}{\sigma/\sqrt{n}}\sqrt{\phi}}{\sqrt{S/\sigma^2}} = \frac{\dfrac{\overline{Y}-\mu}{\sigma/\sqrt{n}}\sqrt{\phi}}{\sqrt{\phi V/\sigma^2}} = \frac{\overline{Y}-\mu}{\sqrt{V/n}}$$

同じデータから得られた平均値と分散が互いに独立か否かの証明については，Q89を参照されたい．F分布の場合も同様の考え方が必要となる．

Q84 標本平均，標本分散，不偏分散について説明してください．

A84 分散の推定には2種類あり，分子は同じだが，分母がnのものと$(n-1)$のものがある．前者は一般に標本分散(最尤推定量)とよばれており，後者は一般に不偏分散(不偏推定量)とよばれている．通常はデータから標本の母集団について言及するので，不偏分散を用いる．

---

1) 「サンプル数が十分大きいとき，t分布は標準正規分布に近似できる」というような表現をすることがある．では，どれくらいの数なら「サンプル数が十分大きい」といえるのか．サンプル数nが十分大きい(厳密には$n \to \infty$)場合の統計的推測の理論を漸近理論(大標本理論)とよぶ．大標本理論では，理論分布，例えば，正規分布に近似するので，nの大きさが変化すると近似の度合いが変化する．これに対し，サンプル数nが有限の場合に組み立てられる統計的推測の理論を小標本理論とよぶ．小標本理論では，統計量は自由度に依存するが，nの大きさが変化しても基本的な性質は変わらない．

第 2 部　実験計画法 100 問 100 答

　Q99に示すように，母集団が正規分布に従う場合，標本平均は母平均の最尤推定量かつ不偏推定量である．これに対して，データから計算した標本分散は母分散の最尤推定量ではあるが不偏推定量ではなく，不偏分散は母分散の不偏推定量ではあるが最尤推定量ではない．

　ただし，不偏分散のことを標本分散としている文献もある．以下に示すように，不偏の意味は，その統計量の期待値が母数に一致するということである[2]．

$$E[(Y_i - \overline{Y})^2]$$

$$= Var[Y_i - \overline{Y}] = Var\left[Y_i - \frac{1}{n}\left(Y_i + \sum_{i' \neq i} Y_{i'}\right)\right]$$

$$= Var\left[\left(1 - \frac{1}{n}\right)Y_i - \frac{1}{n}\sum_{i' \neq i} Y_{i'}\right]$$

$$= Var\left[\left(1 - \frac{1}{n}\right)Y_i\right]$$

$$- 2Cov\left[\left(1 - \frac{1}{n}\right)Y_i, -\frac{1}{n}\sum_{i' \neq i} Y_{i'}\right] + Var\left[-\frac{1}{n}\sum_{i' \neq i} Y_{i'}\right]$$

$$= \left(\frac{n-1}{n}\right)^2 \sigma^2 - 0 + \left(\frac{1}{n}\right)^2 \sigma^2 \times (n-1)$$

$$= \frac{(n-1)^2 + (n-1)}{n^2} \sigma^2 = \frac{(n-1)(n-1+1)}{n^2} \sigma^2 = \frac{n-1}{n} \sigma^2$$

「最尤」について以下に説明する．

　互いに独立な確率変数 Y_1, Y_2, …, Y_n の実現値をそれぞれ y_1, y_2, …, y_n とする．サンプル $(y_1, y_2, …, y_n)$ は，確率変数 Y_1, Y_2, …, Y_n がそれぞれ $Y_1 = y_1, Y_2 = y_2, …, Y_n = y_n$ の値をとったことを意味する．母数を θ としたとき，確率変数 Y_i が値 y_i をとる確率を $f(y_i; \theta)$ とし，各 y_i がそれぞれ Y_i ($Y_1 = y_1$, $Y_2 = y_2$, …, $Y_n = y_n$) となる同時確率を $f(y_1, y_2, …, y_n; \theta)$ と書く．

---

[2]　次式中の $Cov(\ ,\ )$ は共分散を表す．共分散とは，2変量 u, v について，
　　$Cov(u, v) = E[\{u - E(u)\}\{v - E(v)\}] = E[uv] - E[u]E[v]$
と表される．u と v が同じ場合は，その分散 $Var(u)$ を表し，u と v が互いに独立ならば 0 となる．

ここで，実現値 $(y_1, y_2, \cdots, y_n)$ を固定し，母数 θ を未知の変数と考え，

$$L(\theta; y_1, y_2, \cdots, y_n) = f(y_1, y_2, \cdots, y_n; \theta) \tag{1}$$

と書き，これを尤度関数とよぶ．この $L(\theta; y_1, y_2, \cdots, y_n)$ が最大になる θ の値を**最尤推定量**とよび，$\hat{\theta}$ で示す．$\hat{\theta}$ は，対数尤度 $lnL(\theta; y_1, y_2, \cdots, y_n)$ を最大にする値と一致する．未知パラメータ θ が $\hat{\theta}$ のとき，実際に得られたデータが最も起こりやすい．最尤法とは，そのデータの生ずる確率が最も尤らしくなるパラメータ θ の値 $\hat{\theta}$ を求める方法である．確率変数 $Y_1, Y_2, \cdots, Y_n$ が互いに独立なら，

$$\begin{aligned} &Pr\{Y_1 = y_1, Y_2 = y_2, \cdots, Y_n = y_n\} \\ &= f(y_1, y_2, \cdots, y_n; \theta) = f(y_1; \theta) f(y_2; \theta) \cdots f(y_n; \theta) \end{aligned} \tag{2}$$

となる．

基本モデルとして $(p+1)$ 個のすべての未知母数をもつ線形モデル

$$y_i = x_{0i}\theta_0 + x_{1i}\theta_1 + \cdots + x_{pi}\theta_p + e_i \qquad e_i \sim N(0, \sigma^2) \tag{3}$$

を考える．ここで，$\theta = (\theta_0, \theta_1, \cdots, \theta_p)$ である．

このとき，(1)式は，

$$\begin{aligned} L(\theta; y_1, y_2, \cdots, y_n) &= f(y_1; \theta) f(y_2; \theta) \cdots f(y_n; \theta) \\ &= \frac{1}{\sqrt{2\pi}\sigma} exp\left\{-\frac{\left(y_1 - \sum_{k=1}^{p} x_{k1}\theta_k\right)^2}{2\sigma^2}\right\} \cdots \frac{1}{\sqrt{2\pi}\sigma} exp\left\{-\frac{\left(y_n - \sum_{k=0}^{p} x_{kn}\theta_k\right)^2}{2\sigma^2}\right\} \\ &= (2\pi\sigma^2)^{-\frac{n}{2}} exp\left\{-\frac{1}{2\sigma^2}\sum_{i=1}^{n}\left(y_i - \sum_{k=0}^{p} x_{ki}\theta_k\right)^2\right\} \end{aligned} \tag{4}$$

と書ける．

この未知母数 $\theta_0, \theta_1, \cdots, \theta_p$ の最尤推定量は，(4)式の対数尤度である

$$\begin{aligned} &lnL(\theta_0, \theta_1, \cdots, \theta_p; y_1, y_2, \cdots, y_n) \\ &= -\frac{n}{2} ln(2\pi\sigma^2) - \frac{1}{2\sigma^2}\sum_{i=1}^{n}\left(y_i - \sum_{k=0}^{p} x_{ki}\theta_k\right)^2 \end{aligned} \tag{5}$$

を最大にするため，

$$\sum_{i=1}^{n}\left(y_i - \sum_{k=0}^{p} x_{ki}\theta_k\right)^2 \tag{6}$$

を最小にする θ_0, θ_1, $\cdots$, θ_p を求める．これは，最小二乗法による θ_0, θ_1, $\cdots$, θ_p の推定量と一致する．このとき対応する残差平方和を，

$$S_e = \sum_{i=0}^{n} \{y_i - (x_{0i}\hat{\theta}_0 + x_{1i}\hat{\theta}_1 + \cdots + x_{pi}\hat{\theta}_p)\}^2 \tag{7}$$

とする．

また，$lnL(\sigma^2; y_1, y_2, \cdots, y_n)$ を最大にする σ^2 は，

$$\frac{\partial lnL(\sigma^2; y_1, y_2, \cdots, y_n)}{\partial \sigma^2}$$

$$= \frac{\partial}{\partial \sigma^2}\left\{-\frac{n}{2}ln(2\pi\sigma^2) - \frac{S_e}{2\sigma^2}\right\} = -\frac{n}{2\hat{\sigma}^2} + \frac{S_e}{2(\hat{\sigma}^2)^2} = 0 \tag{8}$$

より，(9)式が得られる．

$$\hat{\sigma}^2 = \frac{S_e}{n} \tag{9}$$

Q85 自由度とは何でしょうか．また，平方和を自由度で割る意味はどこにあるのでしょうか．

A85
自由度とは，degree of freedom の訳で，自由に動かしうるパラメータの数のことである．実験計画法ではdf，ϕ などと略記されることが多い．ここでのパラメータとは情報の数，あるいは，データ数と考えればよい．例えば，「全平方和の自由度＝データ数－1」や「要因Aの平方和の自由度＝水準数－1」であると理解してよい．ところが，これは数理統計学の導いた結論をわかりやすく示したものである．数学的にいうと，平均平方の期待値における σ^2 の係数を1にするために割っている数のことである．以下に，詳しく説明する．

分散分析において，分析対象は平方和，すなわち，データの2乗和である．1元配置の分散分析を考えてみよう．誤差平方和は処理条件内（級内，グループ内，群内）での変動を表し，各データと級内平均との偏差の2乗和である．

級内のデータ数が5個から50個に増えた場合を考えれば，誤差平方和は増え

る．データ数が500個に増えれば，誤差平方和はさらに増える．このように，データ数が増えれば誤差平方和の値は大きくなる．すなわち，誤差平方和の大きさはデータ数に依存する．

同様に処理間平方和(級間，グループ間，群間)も級内のデータ数に依る．また，比較する条件が増えれば増えるほど処理間平方和は増大する．

分散分析におけるF検定では，求めるF_0は誤差の大きさに対する処理効果の大きさの比である．しかし，データ数や条件の数に依存する平方和そのもので比をとるのは適切ではない．そこで，それぞれの平方和を**適切に平均化する**ことで互いを比較することを可能にする．後述するように，分散分析の各平方和は制約条件をもっているので，単にデータ数や水準数で割ってもうまくいかない．ある特定の数で割ることで「適切に」平均化できるのである．この数が自由度であると考えることができる．その結果，平均平方(mean squares：ms)の期待値$E(ms)$におけるσ^2の係数は1になる[3]．

Q84で詳しく述べたが，平方和を自由度で割る意味を以下に説明する．標本分散(試料分散)と不偏分散は次式で定義される．

$$標本分散 = \sum \frac{(y_i - \overline{y})^2}{n} \qquad 不偏分散 = \sum \frac{(y_i - \overline{y})^2}{n-1}$$

このとき，両者はその分母においてnと$n-1$が異なっている．前者は最尤推定値であり，後者は不偏推定値となっている．

データが$y_1, y_2, \cdots, y_n$で，ランダムに抽出されているなら，個々のデータは独立なn個の情報とみなせるので，データの平均は合計値$\sum y_i$をnで割った$\overline{y}$を用いればよい．$\overline{y}$はμの不偏推定値である．

分散についても，平均からの偏差の2乗をデータ数で割って平均化したものと考えることができる．しかし，このときに対象となるのは，$(y_1 - \overline{y})^2$，$(y_2 - \overline{y})^2, \cdots, (y_n - \overline{y})^2$である．$\mu$がわかっていれば，それぞれ$(y_i - \mu)^2$としたいところだが，一般には$\mu$が不明で，$\mu$を知るということは母集団の要素すべてを調べなくてはならないので，非現実的である．したがって，その代用

---

[3] 分散分析表における平均平方の期待値$E(ms)$の欄は，「適切な」平均として，平方和をその自由度で割って平均平方の形としているので，σ^2の係数はすべて1となっている．

として，μの不偏推定値$\bar{y}$を用いるのは自然といえる．しかし，2乗する前の要素を加算して合計してみると，$\sum y_i - \sum \bar{y} = 0$となる．$\sum y_i$だけなら，独立な情報の数は$n$個と思えるかもしれないが，$-\sum \bar{y}$が加わっていることに留意してほしい．$-\sum \bar{y}$は平均値を$n$回加えた値で，すべてを加えれば$\sum y_i = \sum \bar{y}$となることは自明であり，結果的に$\sum y_i - \sum \bar{y}=0$という制約が生じている．これは，$n$個の独立な情報ではなく，$n-1$個の情報であると考えることができる．

つぎに，χ^2分布の自由度についても考えてみよう．前記と同じく，$\bar{Y}$を使うと自由度が1つ減る．それなら，μの場合でも制約条件になるのではないのかという疑問が残る．$(Y_1 - \bar{Y}) + (Y_2 - \bar{Y}) + \cdots + (Y_n - \bar{Y}) = 0$と同様，$(Y_1 - \mu) + (Y_2 - \mu) + \cdots + (Y_n - \mu) = 0$という制約も生じているのではないかという疑問である．こちらはY_1, Y_2, $\cdots$, Y_nが独立にサンプリングされていれば，たまたま成立することはあっても常には成り立たない．

以上を要約すると，$\bar{Y}$はすべてのデータを調べて得た値ではなく，標本から不偏推定値として得たものである．すべてを調べてはいないが，μの不偏推定値は得られていると考えるわけである．したがって，1つ分の情報が事前に手に入った代わりに，情報の個数は1つ減った．つまり，自由度はデータ数より1減ったと理解することができる．

2つの群の母集団について，母平均の差のt検定を行うとき，自由度は$n_A + n_B - 2$となる．これは，それぞれのグループの自由度がデータ数から1つ減り，$n_A - 1$と$n_B - 1$となるから，これらを同時推定すれば$n_A + n_B - 2$が自由度となる．

Q86 分散分析では，なぜ，絶対値や4乗でなく，平方和を用いるのでしょうか．

A86 分散分析は，仮定されたデータの構造にもとづいて，級間変動(各水準における平均と総平均との偏差：要因効果)と級内変動(各水準内の平均と個々のデータとの偏差：誤差)に分解する．そし

て，両者の大きさを比較することで要因効果の有無を判断する．

したがって，データそのもの（1次）を用いるほうが直観的にわかりやすく固有技術的な解釈もしやすい．しかし，Q85で述べたように，データそのものを用いて平均からの偏差の和をとると，0になってしまって効果の大きさの指標としての意味がない．絶対値や4乗をとればこれを回避できるが，数学的な取扱いは2乗より煩雑になる．したがって，平方の和が最も取り扱いやすい．

Q87 分散の加法性について，実務にどんなふうに利用すればよいのでしょうか．

A87 確率変数Y_1，Y_2，…は独立で，母平均と母分散を，それぞれ，μ_1，μ_2，…，および，σ_1^2，σ_2^2，…とする．Y_1，Y_2，…からなる線形式をZとおくと，Zの期待値と分散について次式が成り立つ．これを分散の加法性という．

$$Z = a_1 Y_1 \pm a_2 Y_2 \pm \cdots \Rightarrow E(Z) = a_1 \mu_1 \pm a_2 \mu_2 \pm \cdots$$
$$Var(Z) = a_1^2 \sigma_1^2 + a_2^2 \sigma_2^2 + \cdots \quad (1)$$

（1） 具体例

液体薬品を瓶詰めしている工程がある．空瓶の質量（X）の母平均μ_Xは30.0 g，母分散σ_X^2は$(0.5g)^2$であることがわかっている．この工程での瓶詰めは自動充填機を用いて行われている．工程では，瓶と内容薬品との合計質量（Z）が80.0 gとなったところで充填を中止するよう設定されている．実際には充填のばらつきがあるので，合計質量の母平均μ_Zは80.0 g，母分散σ_Z^2は$(1.0g)^2$となっている．瓶1本の中に含まれる薬品の質量（Y）の母平均μ_Yと母分散σ_Y^2を求めてみよう．

手順1　X，Y，Zの関係を式で表す．
　　　　$Z = X + Y$

手順2　X，Y，Zのうち互いに独立なものが右辺にくるよう上式を書き直す．

$$Y = Z - X$$

手順3　書き直した式に期待値と分散に関する式(1)を適用する．
$$E(Y) = E(Z - X) = E(Z) - E(X) = 80.0 - 30.0 = 50.0 \,(\mathrm{g})$$
$$Var(Y) = Var(Z - X) = Var(Z) + (-1)^2 Var(X)$$
$$= Var(Z) + Var(X)$$
$$= (1.0)^2 + (0.5)^2$$
$$= 1.25 \,(\mathrm{g}^2)$$

（2）　**参考**

実務においては，自分の欲しいデータがどのような構造であるかを知り，誤差が少なくなるような実験を計画する工夫が必要である．

例えば，糸の長さの測定について考えてみよう．生産ラインから抜き取ってきた糸のサンプルAの長さをものさしで測定したとき，1本の糸の長さY_1には測定誤差(e_1)を含むので，$Y_1 = \mu_1 + e_1$と書ける．誤差は測定誤差の他にもたくさん存在するが，便宜上考えないこととする．2本の糸の長さY_1，Y_2の和は，$Y = Y_1 + Y_2 = (\mu_1 + \mu_2) + (e_1 + e_2)$，2本の糸の長さ$Y_1$，$Y_2$の差は，$Y = Y_1 - Y_2 = (\mu_1 - \mu_2) + (e_1 - e_2)$となる．誤差分散は，分散の加法性により，いずれも$\sigma^2 = \sigma_1^2 + \sigma_2^2$となる．ものさしで測定する際の誤差の大きさは母分散として決まっているとすると，誤差の影響を小さくするためには，誤差に比べて糸の長さを十分長くとること，または，測定精度のよい（母分散の小さい）ものさしを使うことがあげられる．

Q88
Vの期待値はσ^2ですが，$\sqrt{V}$の期待値はσと考えてもよいのでしょうか．

A88
分散の定義である$Var[Y] = E[Y^2] - \{E[Y]\}^2$の$Y$に$\sqrt{V}$を代入すると，
$$Var[\sqrt{V}] = E[\{\sqrt{V}\}^2] - \{E[\sqrt{V}]\}^2 = E[V] - \{E[\sqrt{V}]\}^2$$
であり，

$$E(\sqrt{V}) = \sqrt{E[V] - Var[\sqrt{V}]} = \sqrt{\sigma^2 - Var[\sqrt{V}]} \le \sigma^2$$

となり，$\sqrt{V}$ の期待値は $\sqrt{V}$ の分散による分だけ σ より小さい．

Q89
同じデータから得られた平均値と分散は独立なのでしょうか．

A89
同じデータから得られた平均値と分散は一見独立でないように思えるが，互いに独立である．このことは，次のように考えて理解するとよい．すなわち，あるデータセットを用意するとして，平均値を一定値としたままで，分散だけを自由に変化させることはいくらでもできる．

例えば，$\{3,4,5,6,7\}$ のデータセットについては，平均が 5 で分散が 2.5 である．$\{3,5,5,5,7\}$ とデータセットを変えると，平均は 5 のままであるが，分散は 2 に変えることができる．このことから，平均値と分散は独立であると，理解できる[4]．

Q90
2 変量が「独立」ということと「共分散がない」ということは同じでしょうか．

A90
2 つの確率変数 X, Y があるとき，X, Y の各確率密度関数，X, Y の同時確率密度関数を，それぞれ，$f(x), g(y), h(x,y)$ とすると，X, Y が独立であるとき，$h(x, y) = f(x)g(y)$ が成立する．

このとき，

$$E(XY) = \int_{-\infty}^{\infty}\int_{-\infty}^{\infty} xy f(x,y) dxdy = \int_{-\infty}^{\infty}\int_{-\infty}^{\infty} xf(x) yg(y) dxdy$$

---

[4] 分散分析における F 検定でも，分子と分母は独立に χ^2 検定に従うと仮定している．一般に，直交計画においては，各要因の平方和，ならびに，誤差平方和は直交分解されているので，F 検定における分子と分母の平均平方も互いに独立である．

$$= \int_{-\infty}^{\infty} x f(x) dx \int_{-\infty}^{\infty} y g(y) dy = E(X) E(Y)$$

これを，共分散の定義式
$$Cov(X, Y) = E(XY) - E(X) E(Y)$$
に代入すると
$$Cov(X, Y) = E(XY) - E(X) E(Y) = E(X) E(Y) - E(X) E(Y)$$
$$= 0$$

となり共分散は0となる．したがって，X，Yが互いに「独立」であれば，「共分散がない」ということが示された．

この逆は一般には成り立たない．しかし，XとYが2次元正規分布をしている場合で，共分散がないときは以下に示すように，XとYは独立である[5]．

XとYが2次元正規分布をしているときの同時確率分布は，
$$h(x, y) = \frac{1}{2\pi \sigma_x \sigma_y \sqrt{1-\rho^2}} \times$$
$$exp\left(-\frac{1}{2\sqrt{1-\rho^2}}\left\{\frac{(x-\mu_x)^2}{\sigma_x^2} - 2\rho\frac{(x-\mu_x)}{\sigma_x}\frac{(y-\mu_y)}{\sigma_y} + \frac{(y-\mu_y)^2}{\sigma_y^2}\right\}\right)$$

$\rho = \frac{\sigma_{xy}}{\sigma_x \sigma_y}$ であるから，共分散 $\sigma_{xy} = 0$ なら，$\rho = 0$ であり，上式は次のようになる．

$$h(x, y) = \frac{1}{2\pi \sigma_x \sigma_y} exp\left(-\frac{1}{2}\left\{\frac{(x-\mu_x)^2}{\sigma_x^2} + \frac{(y-\mu_y)^2}{\sigma_y^2}\right\}\right)$$
$$= \frac{1}{\sqrt{2\pi}\sigma_x} exp\left(-\frac{(x-\mu_x)^2}{2\sigma_x^2}\right) \frac{1}{\sqrt{2\pi}\sigma_y} exp\left(-\frac{(y-\mu_y)^2}{2\sigma_y^2}\right)$$
$$= f(x) g(y)$$

---

[5] 近藤良夫，安藤貞一(編)，『統計的方法百問百答』，日科技連出版社(1967)

Q91
母平均の区間推定（母分散は未知）におけるt分布と，u分布の関係について説明してください．

A91
σ^2が未知ならば，σ^2の代わりにその推定量$\hat{\sigma}^2$，すなわちVを用いることにすると，$T = \dfrac{\overline{Y} - \mu}{\sqrt{V/n}}$は自由度$\phi$の$t$分布とよばれる分布に従う．$t$分布は標準正規分布（$u$分布）に似ているが，分布の両側の裾野が$u$分布より広がっている．

自由度$\phi = n - 1$は，Vを求めたときのデータ数（n）により決まる．n，すなわち，自由度ϕが大きくなるにつれて，t分布はu分布に近づき，$\phi = \infty$でのt分布はu分布に一致する．図8.1は，自由度6のt分布と正規分布を重ねて表示したものである．

Q98で確率密度関数を導出するので参考にされたい．

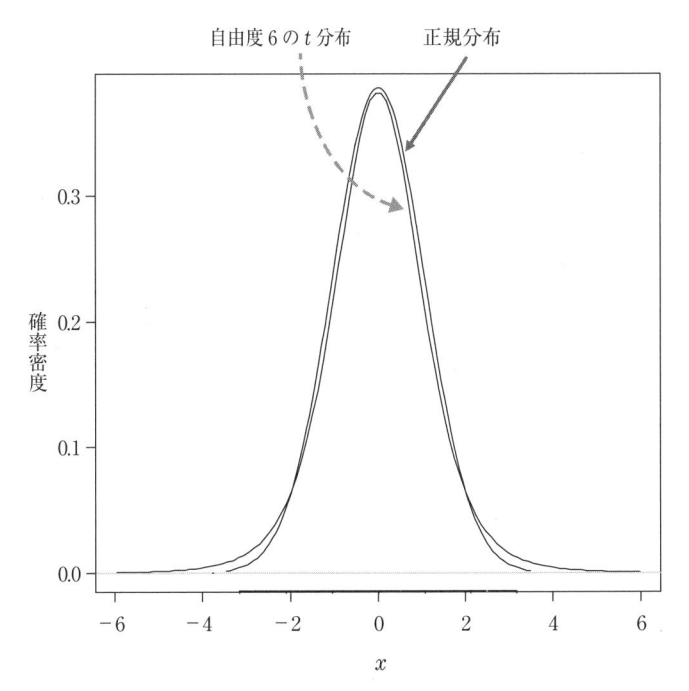

図8.1　正規分布とt分布

Q92 各分布間の関係はどうなっているのでしょうか．

A92 図8.2を参照するとよい．

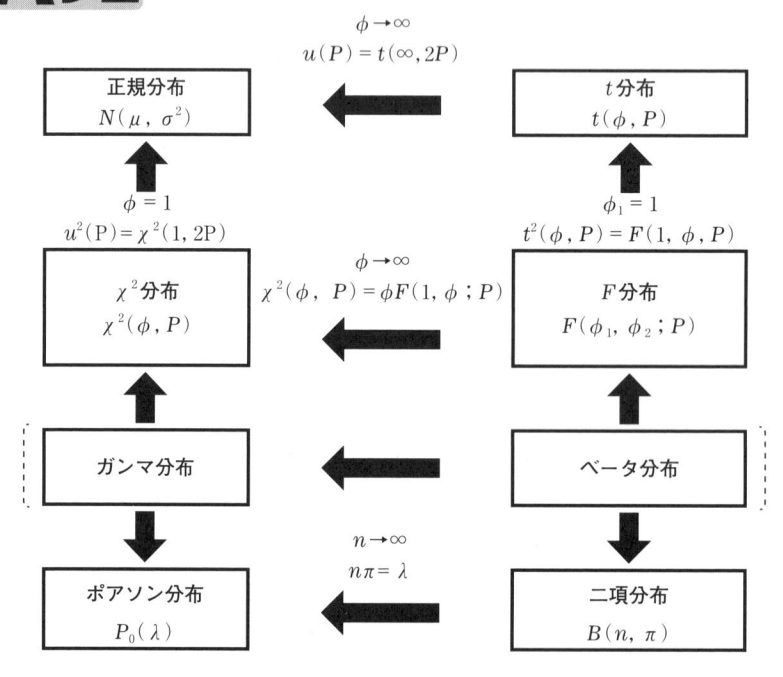

```
                          φ→∞
                    u(P) = t(∞, 2P)
    ┌─────────────┐  ←─────────────  ┌─────────────┐
    │  正規分布   │                   │   t 分布    │
    │ N(μ, σ²)    │                   │  t(φ, P)    │
    └─────────────┘                   └─────────────┘
          ↑                                 ↑
         φ=1                              φ₁=1
    u²(P)=χ²(1, 2P)                 t²(φ, P) = F(1, φ, P)
                          φ→∞
    ┌─────────────┐  χ²(φ, P)=φF(1,φ;P) ┌─────────────┐
    │  χ² 分布    │  ←─────────────     │   F 分布    │
    │  χ²(φ, P)   │                     │ F(φ₁, φ₂;P) │
    └─────────────┘                     └─────────────┘
          ↑                                 ↑
    ┌─────────────┐                    ┌─────────────┐
    │  ガンマ分布 │  ←─────────────     │ ベータ分布  │
    └─────────────┘                    └─────────────┘
          ↕                                 ↕
                          n→∞
                         nπ=λ
    ┌─────────────┐  ←─────────────   ┌─────────────┐
    │ ポアソン分布│                    │  二項分布   │
    │   P₀(λ)     │                    │  B(n, π)    │
    └─────────────┘                    └─────────────┘
```

記号	記号の意味
μ	正規分布の母平均
σ^2	正規分布の母分散
P	右片側確率
ϕ	自由度
n	無作為標本の大きさ
π	二項分布の母不良率
λ	ポアソン分布のパラメータ

図8.2 各分布間の関係と記号の意味

Q93 二項分布の逆正弦変換について説明してください．

A93 二項分布を逆正弦変換すれば分散が母数に依らないようにできる．二項分布の母平均と母分散を，それぞれ，P，$P(1-P)$とする．二項分布からランダムに抽出したN個のサンプルの不良率pは平均$E(p)=P$，分散$Var(p)=P(1-P)/N$の二項分布に従う．ここで，$\theta=f(p)$なる変換を考える．$f(p)$を母平均Pの近傍でテイラー展開して2次微分以降を無視すれば，

$$\theta = f(p) = f(P) + f'(P)(p-P)$$

と書ける．θの期待値は，

$$E(\theta) = E[f(p)] = E[f(P) + f'(P)(p-P)] = f(P)$$

となり，分散は，

$$\begin{aligned}Var(\theta) &= Var[f(p)] = E[f(p) - E\{f(P)\}]^2 \\ &= E[f'(P)(p-P)]^2 = \{f'(P)\}^2 E(p-P)^2 \\ &= \{f'(P)\}^2 E[p-E(p)]^2 \\ &= \{f'(P)\}^2 Var(p) \\ &= \{f'(P)\}^2 \frac{P(1-P)}{N}\end{aligned}$$

より，

$$f'(P) = \sqrt{\frac{N Var(\theta)}{P(1-P)}}$$

となる．ここで，

$$p = sin^2 \theta$$

すなわち，

$$\theta = f(p) = sin^{-1}\sqrt{p}$$

とおけば，

$$dp = 2 sin\theta cos\theta d\theta$$

であるから，

$$\theta = f(p) = \int_0^p f'(p)\,dp = \int_0^p \frac{\sqrt{NVar(\theta)}}{\sqrt{p(1-p)}}\,dp$$

$$= \sqrt{NVar(\theta)} \int_0^p \frac{1}{\sqrt{p(1-p)}}\,dp$$

$$= \sqrt{NVar(\theta)} \int_0^p \frac{1}{\sqrt{sin^2\theta(1-sin^2\theta)}}\,(2sin\theta cos\theta\,d\theta)$$

$$= \sqrt{NVar(\theta)} \int_0^\theta \frac{2sin\theta cos\theta}{\sqrt{sin^2\theta cos^2\theta}}\,d\theta$$

$$= 2\sqrt{NVar(\theta)} \int_0^\theta d\theta = 2\sqrt{NVar(\theta)}\,\theta$$

より,

$$\theta = 2\sqrt{NVar(\theta)}\,\theta$$

すなわち,

$$Var(\theta) = \frac{1}{4N}$$

となり, θ の分散は P に依らなくなる.

Q94 サタースウェートの方法の根拠を知りたいので, 教えてください.

A94

サタースウェートの方法とは, 自由度 ϕ_i の不偏分散 V_i が k 個あり, 互いに独立であるときに, V_i の線形結合の分布を次式で定められる自由度 ϕ^* をもつ不偏分散で近似する方法である.

$$\frac{\left(\sum a_i V_i\right)^2}{\phi^*} = \left\{\frac{(a_1 V_1)^2}{\phi_1} + \frac{(a_2 V_2)^2}{\phi_2} + \cdots + \frac{(a_k V_k)^2}{\phi_k}\right\} \tag{1}$$

$E(V_i) = \sigma_i^2$ であるとき, $\phi_i V_i/\sigma_i^2$ は自由度 ϕ_i の χ^2 分布に従う. 自由度 ϕ の χ^2 分布の分散は 2ϕ である (Q100 の (4) 参照) から, V_i の分散は,

$$Var\left(\frac{\phi_i V_i}{\sigma_i^2}\right) = \frac{\phi_i^2}{\sigma_i^4} Var(V_i) = 2\phi_i$$

より
$$Var(V_i) = \frac{2\sigma_i^4}{\phi_i}$$
となる．
　ここで，
$$\hat{V} = \sum a_i V_i$$
とおくと，
$$E(\hat{V}) = \sum a_i \sigma_i^2, \quad Var(\hat{V}) = 2\sum a_i^2 \sigma_i^4/\phi_i$$
となる．

$E(\hat{V}) = \sigma_*^2$ として，$\phi^* \hat{V}/\sigma_*^2$ を(等価)自由度 ϕ^* の χ^2 分布に近似させるなら，$Var(\hat{V}) = 2\sigma_*^4/\phi^*$ とならなければならない．

　一方，
$$Var(\hat{V}) = 2\sum a_i^2 \sigma_i^4/\phi_i$$
より，
$$Var(\hat{V}) = 2\sum a_i^2 \sigma_i^4/\phi_i = 2\sigma_*^4/\phi^*$$
となり，これを ϕ^* について解くと，
$$\phi^* = \frac{\sigma_*^4}{\sum \dfrac{a_i^2 \sigma_i^4}{\phi_i}} = \frac{\sigma_*^4}{\dfrac{a_1^2 \sigma_1^4}{\phi_1} + \dfrac{a_2^2 \sigma_2^4}{\phi_2} + \cdots + \dfrac{a_k^2 \sigma_k^4}{\phi_k}}$$
が得られる．ここで，σ_*^2，σ_1^2，σ_2^2，…，σ_k^2 は未知母数なので，それぞれの推定量 $\hat{V}$，$\hat{V}_1$，$\hat{V}_2$，…，$\hat{V}_k$ を上式に代入すれば，標記の式(1)が得られる[6]．

Q95　中心極限定理や大数の法則とは何でしょうか．

A95　「中心極限定理」と「大数の法則」の2つは，実務上は認識しなくてもよいが，大切なものである(Q39参照)．これ

---

[6] Satterthwaite, F.E., Approximate distribution of estimates of variance components, *Biometrics*, 2. pp.110-114(1946)

らを以下に説明する．

（1） 中心極限定理

平均値がμ，母分散がσ^2である任意の確率分布から得られたn個のデータの平均値の分布はnが大きくなるにつれて正規分布$N(\mu, \sigma^2/n)$に近づいていくことを中心極限定理という．

私たちはたいていの場合，1個，1個のデータではなく平均値をうんぬんするので，任意の分布に対して正規分布で近似できるということは便利であり，根拠として重要である．（2）で述べる大数の法則とこの中心極限定理により，標本平均$\bar{y}$の標本分布は，標本の大きさnが大きくなると，$N(\mu, \sigma^2/n)$の正規分布に漸近する．これにより，$\bar{y}$と知りたい母平均μとの確率的な対応関係が決まり，統計的推測(検定，推定)が可能となる．

以下に具体例を示す．1, 2, …, 10の値をとる確率がそれぞれ1/10である一様分布する母集団を考える．この母集団からn個のサンプルを抜き出してその平均値を求め，それを100回繰り返したときの平均値の分布を以下にグラフ化した．$n=2$のとき(図8.3)は1〜10まで，幅広く分布している．$n=10$に増えると，分布の中央に集まってきており，その形からも正規分布に近づいていることがわかる(図8.4)．

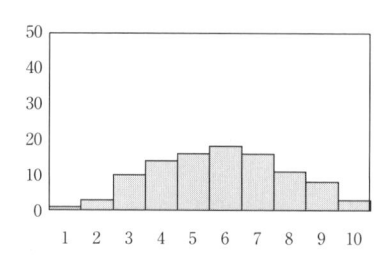

図8.3　$n=2$のときの平均値の分布 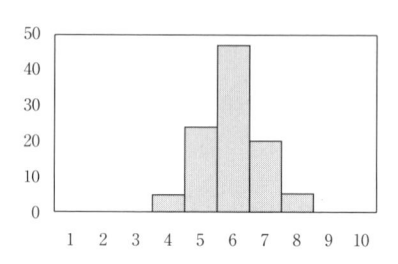　　図8.4　$n=10$のときの平均値の分布

（2） 大数の法則

大数の法則によると，平均値がμ，母分散がσ^2である任意の確率分布から得られたn個のデータの平均値のばらつきは，nが大きくなるにつれて0に近づいていく．平均値を求めるのに用いたデータ数が多いほど，その平均値の分

散は小さいということである．当たり前だが，大切な法則である．大数の法則には，次の弱法則と強法則の2つがある．

① 弱法則：$\overline{Y}$が真の平均値μから離れている確率は，nが大きくなるにつれて，どんどん小さくなる．

母平均μ，母分散σ^2をもつ任意の母集団からの無作為標本をY_1, Y_2, …, Y_nとすると，$n \to \infty$のとき，その標本平均値は，

$$\overline{Y} = \frac{1}{n}\sum Y_i \xrightarrow{\text{Pr}} \mu$$

へと確率収束する．すなわち，εを任意の正数として，

$$\lim_{n \to \infty} \Pr\{|\overline{Y} - \mu| \geq \varepsilon\} \to 0$$

が成立する．

② 強法則：$\overline{Y}$が真の平均値μに等しい確率は，nが大きくなるに連れて，どんどん1に近づく．

母平均μ，母分散σ^2をもつ任意の母集団からの無作為標本をY_1, Y_2, …, Y_nとすると，$n \to \infty$のとき，その標本平均値は確率1で

$$\overline{Y} = \frac{1}{n}\sum Y_i \to \mu$$

となる．すなわち，$n \to \infty$のとき，

$\Pr|\overline{Y} - \mu| = 1$が成立する．

Q96
正規分布はどのように考えて導かれているのでしょうか．また，正規分布の全確率が1になることを証明してください．

A96
(1) 正規分布の導出

誤差が一定数nの根元誤差からなるとし，根元誤差はすべて一定の絶対値eをもち，かつ，nが大きくeは十分小さいとする．n個の根元誤差のうち，r個は$+e$，$n-r$個は$-e$の値とすれば，ne^2を一定値σ^2に保ち，$n \to \infty$とすれば正規分布が導ける．この証明は，スターリングの公式

$n! \sim n^n \sqrt{2\pi n}\, e^{-n}\, (n \to \infty)$ を利用して行えるが,詳細は専門書に譲る.なお,Q95を参照すると,任意の分布は $n \to \infty$ において正規分布になる(Q100参照).

(2) 正規分布の全確率が1になることの証明

正規分布の確率密度関数は, $f(x) = \dfrac{1}{\sqrt{2\pi}\,\sigma} e^{-\frac{(x-\mu)^2}{2\sigma^2}}$ である.

ここで,$u = \dfrac{x-\mu}{\sigma}$ の変数変換を行い,$du = \dfrac{1}{\sigma}dx$ であることを考慮して,$f(x)$ を $-\infty$ から $+\infty$ まで積分する.

正規分布は,$x = \mu$ に関して左右対称であることに注意して,

$$\int_{-\infty}^{\infty} f(x)\,dx = 2\int_{0}^{\infty} \frac{1}{\sqrt{2\pi}\,\sigma} e^{-\frac{(x-\mu)^2}{2\sigma^2}} dx = 2\int_{0}^{\infty} \frac{1}{\sqrt{2\pi}} e^{-\frac{u^2}{2}} du$$

$$= \sqrt{\frac{2}{\pi}} \int_{0}^{\infty} e^{-\frac{u^2}{2}} du$$

となる.

積分を実行するため,便宜上,$\int_{0}^{\infty} e^{-\frac{u^2}{2}} du = I$ とおくと,

$$I^2 = \int_{0}^{\infty} e^{-\frac{t^2}{2}} dt \int_{0}^{\infty} e^{-\frac{s^2}{2}} ds = \int_{0}^{\infty}\int_{0}^{\infty} e^{-\frac{t^2+s^2}{2}} dt\,ds$$

となる.$t = r\cos\theta$,$s = r\sin\theta$,とおくと,$0 < r < \infty$,$0 < \theta < \dfrac{\pi}{2}$ で (t, s) から (r, θ) への変数変換のヤコビアン J は次式となる.

$$J = \begin{vmatrix} \dfrac{\partial t}{\partial r} & \dfrac{\partial t}{\partial \theta} \\ \dfrac{\partial s}{\partial r} & \dfrac{\partial s}{\partial \theta} \end{vmatrix} = \begin{vmatrix} \cos\theta & -r\sin\theta \\ \sin\theta & r\cos\theta \end{vmatrix} = r(\cos^2\theta + \sin^2\theta) = r$$

ゆえに,以下となって,正規分布の全確率は1となる.

$$I^2 = \int_{0}^{\infty}\int_{0}^{\frac{\pi}{2}} e^{-\frac{r^2(\cos^2\theta + \sin^2\theta)}{2}} r\,dr\,d\theta$$

$$= \int_{0}^{\frac{\pi}{2}} d\theta \int_{0}^{+\infty} re^{-\frac{r^2}{2}} dr = \frac{\pi}{2}\left[-e^{-\frac{r^2}{2}}\right]_{0}^{\infty} = \frac{\pi}{2}$$

$$\int_{-\infty}^{+\infty} F(x)\,dx = \sqrt{\frac{2}{\pi}} \int_0^\infty e^{-\frac{u^2}{2}} du = \sqrt{\frac{2}{\pi}} I = \sqrt{\frac{2}{\pi}} \sqrt{\frac{\pi}{2}} = 1$$

Q97

正規母集団 $N(\mu,\ \sigma^2)$ から取り出した大きさ2の無作為標本を X_1, X_2 とするとき，$R=|X_1-X_2|$ の期待値は 1.128σ となります．この導き方を教えてください．

A97

$X_1 \leq X_2$ となる確率は $1/2$ であるから，$X_1 \leq X_2$ のとき，すなわち，$X_2 = X_1 + R$ を計算すれば，その2倍が R の分布関数となる．

$$f(R) = \int_{-\infty}^{+\infty}\int_{-\infty}^{+\infty} \left(\frac{1}{\sqrt{2\pi}\sigma}\right)^2 e^{-\frac{(X_1-\mu)^2}{2\sigma^2}} e^{-\frac{(X_2-\mu)^2}{2\sigma^2}} dX_1 dX_2$$

$$= 2\int_{-\infty}^{+\infty} \left(\frac{1}{\sqrt{2\pi}\sigma}\right) e^{-\frac{(X_1-\mu)^2}{2\sigma^2}} e^{-\frac{(R+X_1-\mu)^2}{2\sigma^2}} dX_1 = \frac{1}{\pi\sigma^2}\int_{-\infty}^{+\infty} e^{-\frac{(X_1-\mu)^2+(R+X_1-\mu)^2}{2\sigma^2}} dX_1$$

$$= \frac{1}{\pi\sigma^2}\int_{-\infty}^{+\infty} e^{-\frac{2(X_1-\mu)^2+R^2+2R(X_1-\mu)}{2\sigma^2}} dX_1 = \frac{1}{\pi\sigma^2}\int_{-\infty}^{+\infty} e^{-\frac{(X_1-\mu)^2+\frac{1}{2}R^2+R(X_1-\mu)}{\sigma^2}} dX_1$$

$$= \frac{1}{\pi\sigma^2}\int_{-\infty}^{+\infty} e^{-\frac{\left|(X_1-\mu)+\frac{1}{2}R\right|^2+\frac{1}{4}R^2}{\sigma^2}} dX_1 = \frac{1}{\pi\sigma^2} e^{-\frac{R^2}{4\sigma^2}} \int_{-\infty}^{+\infty} e^{-\frac{\left|(X_1-\mu)+\frac{1}{2}R\right|^2}{\sigma^2}} dX_1$$

$$= \frac{1}{\pi\sigma^2} e^{-\frac{R^2}{4\sigma^2}} \sqrt{\pi}\sigma \int_{-\infty}^{+\infty} \frac{1}{\sqrt{2\pi}\left(\frac{1}{\sqrt{2}}\sigma\right)} e^{-\frac{\left|X_1-(\mu-\frac{1}{2}R)\right|^2}{2\left(\frac{1}{\sqrt{2}}\sigma\right)^2}} dX_1$$

ここで，$\mu_0 = \mu - \frac{1}{2}R$，$\sigma_0 = \frac{1}{\sqrt{2}}\sigma$ と置くと，

$$f(R) = \frac{1}{\pi\sigma^2} e^{-\frac{R^2}{4\sigma^2}} \sqrt{\pi}\sigma \int_{-\infty}^{+\infty} \frac{1}{\sqrt{2\pi}\ \sigma_0} e^{-\frac{\left|X_1-\mu_0\right|^2}{2\sigma_0^2}} dX_1$$

であり，

$$\int_{-\infty}^{+\infty} \frac{1}{\sqrt{2\pi}\ \sigma_0} e^{-\frac{\left|X_1-\mu_0\right|^2}{2\sigma_0^2}} dX_1 \quad \text{は，} N(\mu_0,\ \sigma_0^2) \text{の正規分布の全確率で，1}$$

である（Q96参照）から，

$$f(R) = \frac{1}{\pi \sigma^2} e^{-\frac{R^2}{4\sigma^2}} \sqrt{\pi} \sigma = \frac{1}{\sqrt{\pi} \sigma} e^{-\frac{R^2}{4\sigma^2}}$$

となる．よって，Rの期待値は以下のようになる．

$$\begin{aligned}
E(R) &= \int_0^\infty R f(R) dR = \int_0^\infty \frac{R}{\sqrt{\pi}\sigma} e^{-\frac{R^2}{4\sigma^2}} dR \\
&= \int_0^\infty \left(\frac{-R}{2\sigma^2}\right)\left(-\frac{2\sigma}{\sqrt{\pi}}\right) e^{-\frac{R^2}{4\sigma^2}} dR \\
&= \left(-\frac{2\sigma}{\sqrt{\pi}}\right) \int_0^\infty \left(\frac{-R}{2\sigma^2}\right) e^{-\frac{R^2}{4\sigma^2}} dR = \left(-\frac{2\sigma}{\sqrt{\pi}}\right) \int_0^\infty \left\{\frac{d}{dR} e^{-\frac{R^2}{4\sigma^2}}\right\} dR \\
&= \left(-\frac{2\sigma}{\sqrt{\pi}}\right) \left[e^{-\frac{R^2}{4\sigma^2}}\right]_0^\infty \\
&= \frac{2\sigma}{\sqrt{\pi}}
\end{aligned}$$

したがって，σが1のときは，Rの期待値は1.128，すなわち$n=2$のときのd_2となる．

Rの期待値は，$E(R) = d_2 \sigma$と表わされ，管理図の係数として各種の数値表に記載されている[7]．

Q98 t分布の確率密度関数はどのようにして導かれるのでしょうか．

A98 $X_1, X_2, \cdots, X_n$を正規母集団からのn個のランダムサンプルとし，Sを偏差平方和，V, ϕをその平均平方（不偏分散），自由度とするとき，

---

7) 一般論としては，下記文献を参照されたい．
Tippett. L. H. C, On the Extreme Individuals and the Range of Samples from a Normal Population, *Biometrika*, 17 (1925)

第8章 数理統計

$$t = \frac{\sqrt{\phi}\,u}{\sqrt{\chi^2}} = \frac{\sqrt{\phi}\dfrac{(\overline{X}-\mu)/\sigma}{\sqrt{n}}}{\sqrt{\dfrac{S}{\sigma^2}}} = \frac{\sqrt{\phi}}{\sqrt{\dfrac{S}{\sigma^2}}}\dfrac{\overline{X}-\mu}{\dfrac{\sigma}{\sqrt{n}}} = \frac{\overline{X}-\mu}{\sqrt{\dfrac{S}{\phi n}}} = \frac{\overline{X}-\mu}{\sqrt{\dfrac{V}{n}}}$$

の分布の確率密度関数を求める.

自由度 ϕ のカイ2乗分布の確率密度関数 $f(\chi^2)$ は,

$$f(\chi^2) = \begin{cases} \dfrac{\left(\dfrac{1}{2}\right)^{\phi/2}}{\Gamma(\phi/2)}(\chi^2)^{\frac{1}{2}\phi-1}e^{-\chi^2/2} & (\chi^2 > 0) \\ 0 & (\chi^2 \leq 0) \end{cases}$$

で与えられる.

$$\Gamma(w) = \int_0^\infty y^{w-1}e^{-y}dy \quad (w>0)$$

はガンマ関数で,

$$\Gamma(w+1) = w\Gamma(w), \quad \Gamma(1/2) = \sqrt{\pi}$$

である.

一方, $\overline{X}$ を規準化した $u = \dfrac{\overline{X}-\mu}{\dfrac{\sigma}{\sqrt{u}}}$ は標準正規分布 $f(u) = \dfrac{1}{\sqrt{2\pi}}e^{-\frac{\mu^2}{2}}$ に従う.

(u, χ^2) から (t, χ^2) への変数変換を行うと, χ^2 と u は独立であるから, ヤコビアンの逆数 J^{-1} は以下のようになる.

$$J^{-1} = \begin{vmatrix} \dfrac{\partial t}{\partial u} & \dfrac{\partial t}{\partial \chi^2} \\ \dfrac{\partial \chi^2}{\partial u} & \dfrac{\partial \chi^2}{\partial \chi^2} \end{vmatrix} = \begin{vmatrix} \sqrt{\dfrac{\phi}{\chi^2}} & -\dfrac{\sqrt{\phi}\,u}{2(\sqrt{\chi^2})^3} \\ 0 & 1 \end{vmatrix} = \sqrt{\dfrac{\phi}{\chi^2}}$$

ゆえに, t と χ^2 の同時分布は以下のようになる.

169

$$f(t, \chi^2) = f(u, \chi^2)J = \frac{\left(\frac{1}{2}\right)^{\frac{1}{2}\phi}}{\Gamma\left(\frac{1}{2}\phi\right)} (\chi^2)^{\frac{1}{2}\phi - 1} e^{-\frac{1}{2}\chi^2} \frac{e^{-\frac{u^2}{2}}}{\sqrt{2\pi}} \sqrt{\frac{\chi^2}{\phi}}$$

$$= \frac{\left(\frac{1}{2}\right)^{\frac{1}{2}(\phi + 1)}}{\sqrt{\phi}\,\Gamma\left(\frac{1}{2}\phi\right)\Gamma\left(\frac{1}{2}\right)} (\chi^2)^{\frac{1}{2}\phi - 1} e^{-\frac{1}{2}\chi^2} e^{-\frac{t^2\chi^2}{2\phi}}$$

これを χ^2 に関して 0 から ∞ まで積分すると，t の確率密度が計算できる．

$$f(t) = \int_0^\infty f(t, \chi^2) d\chi^2$$

$$= \int_0^\infty \frac{\left(\frac{1}{2}\right)^{\frac{1}{2}(\phi + 1)}}{\sqrt{\phi}\,\Gamma\left(\frac{1}{2}\phi\right)} (\chi^2)^{\frac{1}{2}\phi - \frac{1}{2}} e^{-\frac{1}{2}\chi^2(1 + \frac{t^2}{\phi})} \frac{1}{\Gamma\left(\frac{1}{2}\right)} d\chi^2$$

ここで，$z = \frac{1}{2}\chi^2(1 + \frac{t^2}{\phi})$ とおくと，$dz = \frac{1}{2}(1 + \frac{t^2}{\phi})d\chi^2$ であるから，

$$f(t) = \int_0^\infty f(t, \chi^2) d\chi^2 = \int_0^\infty \frac{2^{-\frac{1}{2}(\phi + 1)}}{\sqrt{\phi}\,\Gamma\left(\frac{1}{2}\phi\right)\Gamma\left(\frac{1}{2}\right)} \left\{\frac{2z}{(1 + \frac{t^2}{\phi})}\right\}^{\frac{1}{2}\phi - \frac{1}{2}}$$

$$\times\, e^{-z} \frac{1}{\frac{1}{2}(1 + \frac{t^2}{\phi})} dz$$

$$= \frac{1}{\sqrt{\phi}\,\Gamma\left(\frac{1}{2}\phi\right)\Gamma\left(\frac{1}{2}\right)(1 + \frac{t^2}{\phi})^{\frac{1}{2}(\phi + 1)}} \int_0^\infty e^{-z} z^{\frac{1}{2}(\phi + 1) - 1} dz$$

$$= \frac{1}{\sqrt{\phi}\,\Gamma\left(\frac{1}{2}\phi\right)\Gamma\left(\frac{1}{2}\right)(1 + \frac{t^2}{\phi})^{\frac{1}{2}(\phi + 1)}} \Gamma\left(\frac{1}{2}(\phi + 1)\right)$$

これが，t分布の確率密度関数である．

Q99 正規母集団$N(\mu, \sigma^2)$の平均と分散を最尤推定し，それらが不偏推定量であることを示してください．

A99
$$L(\mu, \sigma^2 ; y) = f(y ; \mu, \sigma^2) = \frac{1}{\sqrt{2\pi}\sigma} e^{-\frac{(y-\mu)^2}{2\sigma^2}}$$

上式のLは，μ, σ^2を母数とする正規分布の確率密度関数fを，尤度という観点，すなわち，実現値yを固定し，μとσ^2を変数と見た尤度関数である．

この実現値yの出現のしやすさである尤度Lが最も大きくなるμとσ^2を求めるのが最尤推定である．そのためには，Lをμとσで偏微分して0とおき，極値を求めればよい．

この場合，Lは，μやσに不適切な値をあてはめれば，どんどん小さくなり，また，いくらでも大きくできるわけでもないので，最大値をとることは明らかである．

微分を実行すると以下となる．

$$\frac{dL}{d\mu} = \frac{1}{\sqrt{2\pi}\sigma} \frac{-(y-\mu)}{\sigma^2} e^{-\frac{(y-\mu)^2}{2\sigma^2}} = 0$$

より，$E(y) = \mu$である．また，

$$\frac{dL}{d\sigma} = \frac{1}{\sqrt{2\pi}} e^{-\frac{(y-\mu)^2}{2\sigma^2}} \left\{ -\frac{1}{\sigma^2} + \frac{1}{\sigma} \frac{-(y-\mu)^2}{2} \left(-\frac{2}{\sigma^3}\right) \right\}$$

$$= \frac{1}{\sqrt{2\pi}\sigma^4} e^{-\frac{(y-\mu)^2}{2\sigma^2}} \left\{ -\sigma^2 + (y-\mu)^2 \right\} = 0$$

より，

$$E[(y-\mu)^2] = \sigma^2$$

である．

したがって，正規母集団の平均と分散を最尤推定したものは，μとσ^2となり，不偏推定量であることがわかる．

上記は正規分布の話であり，限られた数(n個)のデータを得たときの尤度L

$(\mu, \sigma^2; y_1, y_2, \cdots, y_n)$ を最大にする σ^2 は，Q84に示したように，$\dfrac{S_e}{n}$ であり，不偏分散である $V_e = \dfrac{S_e}{n-1}$ と少し異なっていることに注意しよう．

Q100 積率母関数について教えてください．

A100
積率母関数は，各分布を導いたり，定理を証明するのに便利な考え方であり，ここでは，その概略と若干の適用例について解説する．

(1) 積率母関数の定義

$f(x)$ を x の確率密度関数とするとき，連続型確率変数 X に対する積率母関数を次式で定義する．

$$M_X(\theta) = \int_{-\infty}^{+\infty} e^{\theta x} f(x) dx$$

$e^{\theta x}$ を次のようにテーラー展開し，その後，積分を実行する．

$$\begin{aligned}
M_X(\theta) &= \int_{-\infty}^{+\infty} \left(1 + \theta x + \frac{1}{2!}(\theta x)^2 + \frac{1}{3!}(\theta x)^3 + \cdots \right) f(x) dx \\
&= \int_{-\infty}^{+\infty} \left(f(x) + \theta x f(x) + \frac{1}{2!}(\theta x)^2 f(x) + \frac{1}{3!}(\theta x)^3 f(x) + \cdots \right) dx \\
&= \int_{-\infty}^{+\infty} f(x) dx + \theta \int_{-\infty}^{+\infty} x f(x) dx + \frac{\theta^2}{2!} \int_{-\infty}^{+\infty} x^2 f(x) dx \\
&\quad + \frac{\theta^3}{3!} \int_{-\infty}^{+\infty} x^3 f(x) dx + \cdots \\
&= 1 + \theta \mu_1 + \frac{1}{2!} \theta^2 \mu_2 + \frac{1}{3!} \theta^3 \mu_3 + \cdots
\end{aligned}$$

さて，$M_X(\theta)$ を θ で n 回微分して $\theta = 0$ とおけば，次のように n 次までの積率が順次求まる．

$$\frac{dM_X(\theta)}{d\theta}\Big|_{\theta=0} = \mu_1 \quad \frac{d^2M_X(\theta)}{d\theta^2}\Big|_{\theta=0} = \mu_2 \quad \frac{d^3M_X(\theta)}{d\theta^3}\Big|_{\theta=0} = \mu_3 \quad \cdots$$

ここで，$n=1$ のとき $\mu_1 = \mu$（母平均），$n=2$ のとき $\mu_2 - \mu_1^2 = \sigma^2$（母分散）である．

$$\because \sigma^2 = \int_{-\infty}^{+\infty}(x-\mu)^2 f(x)dx = \int_{-\infty}^{+\infty}(x^2 - 2x\mu + \mu^2)f(x)dx$$

$$= \int_{-\infty}^{+\infty} x^2 f(x)dx - 2\mu \int_{-\infty}^{+\infty} x f(x)dx + \mu^2 \int_{-\infty}^{+\infty} f(x)dx$$

$$= \mu_2 - 2\mu^2 + \mu^2 = \mu_2 - \mu^2 = \mu_2 - \mu_1^2$$

（2）積率母関数に関する定理

① 確率密度関数が $f(X)$ である連続型確率変数 X の関数 $z = g(X)$ の積率母関数は次式となる．

$$Mz(\theta) = M_{g(X)}(\theta) = \int_{-\infty}^{+\infty} e^{\theta g(x)} f(x)dx \left(= E[e^{\theta g(X)}]\right)$$

② c を任意の定数，$g(X)$ を積率母関数の存在する任意の関数とすると，次式が成り立つ．

$$M_{cg(X)}(\theta) = M_{g(X)}(c\theta)$$
$$M_{g(X)+c}(\theta) = e^{c\theta} M_{g(X)}(\theta)$$

（3）正規分布の積率母関数

積率母関数の定義式に，正規分布の確率密度関数 $f(x) = \dfrac{1}{\sqrt{2\pi}\sigma} e^{-\frac{(x-\mu)^2}{2\sigma^2}}$ を代入すると，

$$M_X(\theta) = \int_{-\infty}^{+\infty} e^{\theta x} \frac{1}{\sqrt{2\pi}\sigma} e^{-\frac{(x-\mu)^2}{2\sigma^2}} dx$$

$$= \frac{1}{\sqrt{2\pi}\sigma} \int_{-\infty}^{+\infty} e^{\theta x} e^{-\frac{(x-\mu)^2}{2\sigma^2}} dx = \frac{1}{\sqrt{2\pi}\sigma} \int_{-\infty}^{+\infty} e^{-\frac{(x-\mu)^2 - 2\sigma^2\theta x}{2\sigma^2}} dx$$

$$= \frac{1}{\sqrt{2\pi}\sigma} \int_{-\infty}^{+\infty} e^{-\frac{(x-\mu-\sigma^2\theta)^2 - \sigma^2\theta(2\mu+\sigma^2\theta)}{2\sigma^2}} dx$$

$$= e^{\frac{\theta(2\mu + \sigma^2\theta)}{2}} \int_{-\infty}^{+\infty} \frac{1}{\sqrt{2\pi}\sigma} e^{-\frac{(x-\mu-\sigma^2\theta)^2}{2\sigma^2}} dx$$

$$= e^{\frac{\theta(2\mu + \sigma^2\theta)}{2}}$$

$u = \dfrac{x-\mu}{\sigma}$ で，$\mu = 0$，$\sigma^2 = 1^2$ とおくと，標準正規分布の積率母関数は，$M_U(\theta) = e^{\frac{\theta^2}{2}}$ となる．

（4） χ^2 分布の平均値と分散

自由度 ϕ の χ^2 分布の確率密度関数 $f(\chi^2)$ は，

$$f(\chi^2) = \begin{cases} \dfrac{\left(\dfrac{1}{2}\right)^{\frac{\phi}{2}}}{\Gamma\left(\dfrac{\phi}{2}\right)} (\chi^2)^{\frac{1}{2}\phi - 1} e^{-\frac{1}{2}\chi^2} & (\chi^2 > 0) \\ 0 & (\chi^2 \leq 0) \end{cases}$$

で与えられる．$\Gamma(w) = \int_0^\infty y^{w-1} e^{-y} dy \ (w > 0)$ はガンマ関数で，

$$\Gamma(w+1) = w\Gamma(w), \ \Gamma(1/2) = \sqrt{\pi}$$

である．したがって，χ^2 分布の積率母関数 $M\chi^2(\theta)$ は，次のようになる．

$$M\chi^2(\theta) = \frac{1}{2^{\frac{\phi}{2}}} \frac{1}{\Gamma\left(\dfrac{\phi}{2}\right)} \int_0^\infty (\chi^2)^{\frac{\phi}{2}-1} e^{-\frac{1}{2}\chi^2} e^{\theta\chi^2} d\chi^2$$

$z = \chi^2 \left(\dfrac{1}{2}\right)(1-2\theta)$ とおくと，$dz = \left(\dfrac{1}{2}\right)(1-2\theta) d\chi^2$ であり，次式を得る．

$$M\chi^2(\theta) = \frac{1}{2^{\frac{\phi}{2}}} \frac{1}{\Gamma\left(\dfrac{\phi}{2}\right)} \int_0^\infty z^{\frac{\phi}{2}-1} \left(\frac{2}{1-2\theta}\right)^{\frac{\phi}{2}-1} e^{-z} \left(\frac{2}{1-2\theta}\right) dz$$

$$= \frac{1}{2^{\frac{\phi}{2}}} \frac{1}{\Gamma\left(\dfrac{\phi}{2}\right)} \left(\frac{1-2\theta}{2}\right)^{-\frac{\phi}{2}} \left[\int_0^\infty z^{\frac{\phi}{2}-1} e^{-z} dz\right]$$

$$= \frac{1}{2^{\frac{\phi}{2}}} \frac{1}{\Gamma\left(\frac{\phi}{2}\right)} (\frac{1-2\theta}{2})^{-\frac{\phi}{2}} \Gamma\left[\frac{\phi}{2}\right]$$

$$= (1-2\theta)^{-\frac{\phi}{2}}$$

$M\chi^2(\theta)$をθでn回微分して$\theta=0$とおけば，n次の積率が求まるから，χ^2分布の平均値と分散は次のように求まる．

$$\frac{dM\chi^2(\theta)}{d\theta}|_{\theta=0} = -\frac{1}{2}\phi(1-2\theta)^{-\frac{1}{2}\phi-1}(-2)|_{\theta=0} = \phi\ (=\mu_1)$$

$$\frac{d^2M\chi^2(\theta)}{d\theta^2}|_{\theta=0} = -\frac{1}{2}\phi(-\frac{1}{2}\phi-1)(1-2\theta)^{-\frac{1}{2}\phi-2}(-2)^2|_{\theta=0}$$

$$= \phi(\phi+2)\ (=\mu_2)$$

$$\mu = \mu_1 = \phi$$

$$\sigma^2 = \mu_2 - \mu_1^2 = \phi(\phi+2) - \phi^2 = 2\phi$$

（5） 中心極限定理の証明

任意の母集団(母平均がμ，母分数がσ^2)の積率母関数を$MX(\theta)$と書くと，$\bar{x} = \frac{1}{n}\sum_{i=1}^{n} x_i$であり，この母集団から得た$n$個のランダムサンプル$X_i (i=1, 2, \cdots, n)$は互いに独立なので，$\bar{X}$の積率母関数は，

$$M_{\bar{X}}(\theta) = (M_X(\theta/n))^n$$

となる．ここで，$u = \dfrac{\bar{x}-\mu}{\sigma/\sqrt{n}}$とおくと，

$$u = -\left(\frac{\sqrt{n}}{\sigma}\right)\mu + \left(\frac{\sqrt{n}}{\sigma}\right)\bar{x}$$

であり，uの積率母関数$M_U(\theta)$は次のようになる．

$$M_U(\theta) = e^{-\left(\frac{\sqrt{n}}{\sigma}\right)\mu\theta} M_{\bar{X}}\left\{\left(\frac{\sqrt{n}}{\sigma}\right)\theta\right\} = e^{-\left(\frac{\sqrt{n}}{\sigma}\right)\mu\theta} M_X\left\{\left(\frac{\sqrt{n}}{\sigma}\right)\frac{\theta}{n}\right\}^n$$

$$= e^{-\left(\frac{\sqrt{n}}{\sigma}\right)\mu\theta} M_X\left\{\left(\frac{1}{\sqrt{n}\sigma}\right)\theta\right\}^n$$

この式の自然対数をとると次式となる．

$$\ln[M_U(\theta)] = \ln\left[e^{-\left(\frac{\sqrt{n}}{\sigma}\right)\mu\theta} M_X\left\{\left(\frac{1}{\sqrt{n}\,\sigma}\right)\theta\right\}^n\right]$$

$$= -\left(\frac{\sqrt{n}}{\sigma}\right)\mu\theta + n\ln\left[M_X\left(\frac{1}{\sqrt{n}\,\sigma}\theta\right)\right]$$

$$= -\left(\frac{\sqrt{n}}{\sigma}\right)\mu\theta + n\ln\left[1 + \frac{1}{\sqrt{n}\,\sigma}\theta\mu_1 + \frac{1}{2!}\left(\frac{1}{\sqrt{n}\,\sigma}\theta\right)^2\mu_2 + \cdots\right]$$

$$= -\left(\frac{\sqrt{n}}{\sigma}\right)\mu\theta + n\left[\left\{\frac{1}{\sqrt{n}\,\sigma}\theta\mu_1 + \frac{1}{2!}\left(\frac{1}{\sqrt{n}\,\sigma}\theta\right)^2\mu_2 + \cdots\right\}\right.$$
$$\left. - \frac{1}{2}\left\{\frac{1}{\sqrt{n}\,\sigma}\theta\mu_1 + \frac{1}{2!}\left(\frac{1}{\sqrt{n}\,\sigma}\theta\right)^2\mu_2 + \cdots\right\}^2 + \cdots\right]$$

$$= -\left(\frac{\sqrt{n}}{\sigma}\right)\mu\theta + n\left[\left\{\frac{1}{\sqrt{n}\,\sigma}\theta\mu_1 + \frac{1}{2!}\left(\frac{1}{\sqrt{n}\,\sigma}\theta\right)^2\mu_2 + \cdots\right\}\right.$$
$$\left. - \frac{1}{2}\left\{\left(\frac{1}{\sqrt{n}\,\sigma}\theta\mu_1\right)^2 + \cdots\right\} + \cdots\right]$$

$$= -\left(\frac{\sqrt{n}}{\sigma}\right)\mu\theta + \frac{\sqrt{n}}{\sigma}\theta\mu_1 + \frac{1}{2}\left(\frac{1}{\sigma}\theta\right)^2\mu_2 - \frac{1}{2}\left(\frac{1}{\sigma}\theta\right)^2\mu_1^2 + \cdots$$

$$= \frac{1}{2}\left(\frac{1}{\sigma}\theta\right)^2(\mu_2 - \mu_1^2) + \cdots$$

$$= \frac{1}{2}\theta^2 + \cdots$$

$\lim_{n \to \infty} \ln[M_U(\theta)] = \frac{1}{2}\theta^2$,すなわち,$\lim_{n \to \infty}[M_U(\theta)] = e^{\frac{1}{2}\theta^2}$ であり,これは,正規分布 $N(0, 1^2)$ の積率母関数である.

参考文献

[1] 松本哲夫，植田敦子，小野寺孝義，榊秀之，西敏明，平野智也，『実務に使える実験計画法』，日科技連出版社（2012）
[2] 松本哲夫，辻谷將明，和田武夫，『実用実験計画法』，共立出版（2005）
[3] 楠正，辻谷將明，松本哲夫，和田武夫，『応用実験計画法』，日科技連出版社（1995）
[4] 安藤貞一，田坂誠男，『実験計画法入門』，日科技連出版社（1986）
[5] 安藤貞一，朝尾正，楠正，中村恒夫，『最新実験計画法』，日科技連出版社（1970）
[6] 安藤貞一，朝尾正（編），『実験計画法演習』，日科技連出版社（1968）
[7] 辻谷將明，和田武夫，『パワーアップ確率・統計』，共立出版（1998）
[8] 田口玄一，『第3版 実験計画法 上下』，丸善（1976，1977）
[9] 朝木善次郎，『実験計画法』，共立出版（1980）
[10] R.A.フィッシャー（著），遠藤健児，鍋谷清治（訳），『研究者のための統計的方法』，森北出版（1972）
[11] 和田武夫，楠正，松本哲夫，辻谷將明，「要因実験における検出力と実験の大きさ─実験の繰返し数を求めるための簡便表─」，『品質管理』，Vol.46, No.7, pp.623-631（1995）
[12] 松本哲夫，「実験計画法における二値データの解析」，『日本品質管理学会第22回研究発表会要旨集』，日本品質管理学会（1982）
[13] 松本哲夫，「カイ二乗プロット」，『日本品質管理学会第14回年次大会研究発表会要旨集』，日本品質管理学会（1984）
[14] 平野智也，和田武夫，松本哲夫，「実験計画法における非直交反復実験の解析（第1報）」，『日本品質管理学会第98回研究発表会要旨集』，日本品質管理学会（2012）
[15] 平野智也，和田武夫，松本哲夫，「実験計画法における非直交反復実験の解析（第2報）」，『日本品質管理学会第100回研究発表会要旨集』，日本品質管理学会（2012）
[16] 永田靖，『入門実験計画法』，日科技連出版社（2000）
[17] 永田靖，『入門統計解析法』，日科技連出版社（1992）
[18] 永田靖，『統計的方法のしくみ』，日科技連出版社（1996）
[19] N. R.ドレーパー，H.スミス（著），中村慶一（訳），『応用回帰分析』，森北出版

参考文献

(1968)
- [20] P.G.ホーエル(著)，浅井晃，村上正康(訳)，『入門数理統計学』，培風館(1978)
- [21] W.G.Cochran, G.M.Cox, *Experimental Designs* 2nd Ed., John Wiley & Sons(1957)
- [22] R.G.Miller Jr., *Beyond Anova*, Chapman & Hall / CRC(1988)
- [23] 広津千尋，『実験データの解析』，共立出版(1992)
- [24] 広津千尋，『離散データ解析』，教育出版(1982)
- [25] 丹後俊郎，山岡和枝，高木晴良，『ロジスティック回帰分析』，朝倉書店(1996)
- [26] J. J. Schlesselman(著)，紫田義貞，玉城英彦(翻訳)，『疫学・臨床医学のための患者対象研究』，ソフトサイエンス社(1985)
- [27] 楠正(監修)，SKETCH研究会統計分科会(著)，『臨床データの信頼性と妥当性』，サイエンティスト社(2005)
- [28] 古川俊之(監修)，丹後俊郎(著)，『医学への統計学』，朝倉書店(1983)
- [29] D.R.コックス(著)，後藤昌司ら(訳)，『二値データの解析』，朝倉書店(1980)
- [30] 松本哲夫，「研究開発のスピードをあげる仕掛けづくりとマネジメント」，『研究開発リーダー』，Vol.6，No.11，pp.16-22，技術情報協会(2010)
- [31] 松本哲夫，「ボトムアップによる 研究開発テーマ 創出の仕掛け」，『研究開発リーダー』，Vol.7，No.9，pp.16-21，技術情報協会(2010)
- [32] 松本哲夫，「今，求められる研究開発リーダー像」，『研究開発リーダー』，Vol.8，No.1，pp.1-5，技術情報協会(2011)
- [33] 松本哲夫，「新しく研究開発リーダーになる人に薦める本」，『研究開発リーダー』，Vol.8，No.6，pp.4-7，技術情報協会(2011)
- [34] 松本哲夫，「中長期の研究開発のあり方」，『研究開発リーダー』，Vol.9，No.2，pp.7-9，技術情報協会(2012)
- [35] 松本哲夫，『研究開発テーマの進捗管理』，技術情報協会(2009)
- [36] 松本哲夫，『研究開発テーマ創出の仕掛け』，技術情報協会(2010)
- [37] 村田貴士(企画編集)，松本哲夫(著)，「研究開発における人材育成とインセンティブ」，『新しい研究開発者の評価と処遇』，第1章第3節，技術情報協会(2011)
- [38] 近藤良夫，安藤貞一(編)，『統計的方法百問百答』，日科技連出版社(1967)
- [39] 富士ゼロックスQC研究会(編)，『疑問に答える実験計画法問答集』，日本規格協会(1989)
- [40] ダイヤモンド・シックスシグマ研究会(編著)，『図解 コレならわかるシックスシグマ』，ダイヤモンド社(1999)

参考文献

[41] 辻谷將明，和田武夫，『Rで学ぶ確率・統計』，共立出版(2012)
[42] 米山高範，『品質管理のはなし　改訂版』，日科技連出版社(2000)
[43] 大村平，『統計のはなし　改訂版』，日科技連出版社(2002)
[44] 大村平，『実験計画と分散分析のはなし　改訂版』，日科技連出版社(2013)
[45] 矢野宏，『品質工学入門』，日本規格協会(1995)
[46] 吉澤正孝(編)，『品質工学講座　第1巻　開発・設計段階の品質工学』，日本規格協会(1988)
[47] 日科技連出版社HP(http://www.juse-p.co.jp/)

注1) 本文中を含め，本書に記載のウェブサイトのアドレスは，2013年1月末現在のものである．
注2) 参考文献[12]～[15]は，参考文献[47]からダウンロードできる．

索　引

[英数字]

(0,1)法　140
「ひと」の面からアプローチ　39
$\sqrt{V}$の期待値　157
1元配置実験　21
1次計画　139
1次従属　129
1次独立　129
2元配置実験　21
2次計画　139
2次元正規分布　158
3つの基本原理　7
Balanced Incomplete Block design　37
BIB　37
Double Blind Technique　22
$E(ms)$の書き下しルール　91
Excel 2010の組み込み関数　145
Excelによる行列計算　145
Fisherの直接確率法　135, 140
Fullモデル　126
Gauss-Doolittleの方法　121
GLM　17, 87, 125
half-normal plot　78
latin square　32
linear comparison　123
linear contrast　123
lsd　51
mean squares　153
ms　153

non-parametric　35
OC曲線　56
Operating Characteristic curve　56
Partially Baranced Incomplete Block design　37
PBIB　37
Pearsonのχ^2検定　135
R. A. Fisher　3
reduced model　126
response surface　139
robustness　69
Rの期待値　168
simplex法　139
TypeⅡの考え方　127
t検定　52
Welchの方法　140
Wilcoxonの検定　36
wsd　52
χ^2分布の平均値と分散　174

[あ　行]

アソビ列　82
　──法　26, 30, 75, 130
異常値　120
一様性，独立性の検定　135
一様性の検定　134
一致性　9
一対比較法　100
一般線形モデル　17, 87, 125
伊奈の式　57
因果関係　116

索　引

ウィルコクソンの検定　36
内側因子　32
応答面　139

[か　行]

カイ2乗(2)プロット　78
回帰診断　114
回帰分析　117
頑健性　69
官能検査　100
官能試験　101
官能評価　101
完備型実験　37
擬因子　75
　——法　26, 30, 75, 130
危険率　20
基準対比　124
擬水準法　28
基本モデル　126
逆行列　121
逆推定　115
逆正弦変換　161
　——法　140
共分散がない　158
共分散分析　34
共変量　34, 95
局所管理の原理　7
偶然誤差　69
組合せ法　26, 29, 130
繰返し数　105
繰返しの原理　7
グレコラテン方格法　33
クロス表　133
経営資源の節約　11

計数的因子　107
系統誤差　69
計量的因子　107
欠側値　25
研究開発のスピードアップ　11
検査特性曲線　56
検出力 $1-\beta$　20, 36
検出力曲線　56
原点を通るか否か　106
交互作用　66, 70, 73, 76, 79, 102
高次の交互作用　22
校正問題　115
交絡法　37
交絡要因　84
固有技術的判断　137

[さ　行]

最急傾斜方向　139
再現性　9
最尤推定量　135, 151
最適条件　62
最適値　16, 91, 139
　——探求実験　138
最適品質　5
最尤推定　135, 171
　——量　150, 153
サタースウェートの方法　162
残差平方和　130, 152
サンプルサイズ　20, 36
シックスシグマ　98
実験誤差　93
実験の場　3
実験をランダムな順序で行う　69
修正項 CT　138

181

索　引

自由度　12, 13, 134, 152
　　——1の平方和成分　128
主効果　73, 76
手法と現場のインターフェイス　19
順位　36
小標本　148
人材育成　39
シンプレックス法　139
信頼性　9
推定可能な母数の線形式　130
数値の丸め方　132
数量化の方法　108
数量化理論第Ⅰ類　107
スチューデント化残差　120
図的分散分析法　78
正規方程式　121
　　——の解　121
制約式　87
制約条件　87, 121
積率母関数　172
線形推定・検定論　26, 87, 93, 108, 121
線形対比　123
相関関係　116
相関分析　117
測定誤差　93
外側因子　32

[た　行]

大数の法則　164
対数尤度　151
対比　123
　　——L平方和　128
大標本　148

田口の式　57
タグチメソッド　102
多元配置実験　21
多項式回帰　118
多重比較　20
多水準法　28
妥当性　9
ダネット検定　52
ダミー変数　107
単因子逐次実験　10, 21, 66, 138
チームマネジメント　39
中心極限定理　86, 164
　　——の証明　175
中心複合計画　140
超グレコラテン方格法　33
直積法　32
直線性の確信の度合い　105
直和法　26, 31, 130
直交基準対比　124
直交対比　124
　　——による平方和の分解　128
直交多項式　118
直交配列表　13
直交表　13, 23, 138
釣り合い型不完備ブロック計画　37
データ数　20, 36
データに対応がある場合における母平均の差の検定と推定　96
データの構造にもとづく推定方法　80
適切に平均化する　153
適当な効果　126
統計的仮説検定　19
統計的判断　137
同時確率分布　158

索　引

同時推定　154
等分散性の検定　75
特定の2因子間交互作用　22
独立性の検定　133

[な　行]

二重盲検法　22
ねらいの品質　5
ノンパラメトリック　35
　——検定　131

[は　行]

パス解析　116
外れ値　120
パラメータ設計　32, 102
非中心複合計画　140
非直交計画　17, 25
標準正規分布の積率母関数　174
標本分散　150
標本平均　150
プーリング　45
不完備型実験　37
複合計画　139
部分釣り合い型不完備ブロック計画　37
不偏推定値　153
不偏推定量　150
不偏分散　150
プロセス誤差　93
ブロック　97
　——因子　97
分割表　36, 133, 134, 135, 140
　——の適合度検定　135
分割法　24, 98

分散の加法性　155
平均値と分散は独立　157
平均平方　153
　——の期待値 $E(ms)$　87, 89
平方和の直交分解　128
ホーソン工場での実験　21
母数のムダがある　129
母数のムダがない　129
母数のムダを省く　129
母平均の差の区間推定　59

[ま　行]

無作為化の原理　7
最も大切なのは独立性の仮定　69

[や　行]

ヤコビアン J　166
有意水準 α　20, 36
有効反復数 n_e　59
尤度関数　151, 171
尤度比　135
よい品質のものは安くつくれる　5
要因配置実験　12, 66, 138

[ら　行]

ラテン方格　32
乱塊法　23, 96, 97
乱数表　70
利益3割アップ　4
レデュースドモデル　126
ロジスティック回帰分析　34
ロジスティック曲線　35
ロバストネス　69, 75

183

監修者・著者紹介

松本　哲夫	ユニチカ㈱	稲葉　太一	神戸大学大学院
植田　敦子	ユニチカ㈱	小野寺孝義	広島国際大学
木村　　浩	㈶京都高度技術研究所	榊　　秀之	千寿製薬㈱
佐藤　稔康	アストラゼネカ㈱	夏木　　崇	㈱神戸製鋼所
西　　敏明	岡山商科大学	西田　航平	ダイキン工業㈱
花田　憲三	花田技術士事務所	平野　智也	ダイキン工業㈱
山吹　佳典	シャープ㈱	山本　道規	サンスター技研㈱

実験計画法 100 問 100 答

2013 年 3 月 4 日　第 1 刷発行

監　修	松本　哲夫		
著　者	松本　哲夫	稲葉　太一	
	植田　敦子	小野寺孝義	
	木村　　浩	榊　　秀之	
	佐藤　稔康	夏木　　崇	
	西　　敏明	西田　航平	
	花田　憲三	平野　智也	
	山吹　佳典	山本　道規	
発行人	田中　健		

検印省略

発行所　株式会社　日科技連出版社
〒151-0051　東京都渋谷区千駄ヶ谷 5-4-2
　　　電　話　出版　03-5379-1244
　　　　　　　営業　03-5379-1238 ～ 9
　　　振替口座　　　東京 00170-1-7309

印刷・製本　河北印刷株式会社

Printed in Japan

Ⓒ Tetsuo Matsumoto et al. 2013　　ISBN 978-4-8171-9463-3
URL http://www.juse-p.co.jp/

本書の全部または一部を無断で複写複製（コピー）することは，著作権法上での例外を除き，禁じられています．